KB111526

과학자에게
이의를
제기합니다

"KAGAKUTEKI SHIKOU" NO LESSON GAKKOU DE OSHIETEKURENAI SCIENCE

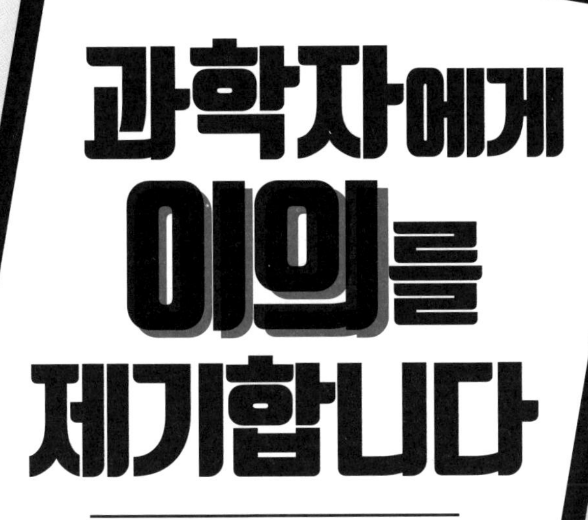

과학자에게 이의를 제기합니다

합리적으로 의심하고
논리적으로 질문할 줄 아는
시민의 과학 리터러시 훈련법

도다야마 가즈히사 지음
전화윤 옮김

플루토

의심과 질문은 시민의 의무
과학적 사고는 시민의 도구

이상욱(한양대학교, 과학기술철학)

이런저런 이유로 살을 빼려는 사람들이 많다. 덕분에 기기묘묘한 다이어트 방법이 끊임없이 등장하고 사라지곤 한다. 최근에는 새싹보리 다이어트가 유행이다. 새싹보리 분말을 물에 타서 하루에 세 번 마시고 열흘 만에 5킬로그램을 감량한 사람이 있다니 감탄이 절로 나왔다. 그렇게 짧은 기간에 5킬로그램이나 뺄 수 있다는 말에 귀가 솔깃한 독자도 있으리라. 하지만 이 책을 읽고 난 후에는 '과연 그럴까?', 일단 회의적으로 생각할 것이다.

이유는? 이 책이 강조하는 메타 과학적 사고 덕분이다. 메타 과학적 사고는 간단히 말해 과학지식을 넘어선 '과학에 대한' 사고다. 구체적으로 말한다면 과학과 우리의 삶이 만나는 지점에서 발생하는 여러 사안에 대해 의문을 갖고 질문하고, 과학지식을 바탕으로 합리적인 판단을 내리는 능력이다. 새싹보리 다이어트에 대한 이야기를 들었다면 '새싹보리 분말을 마시면 살이 빠진다는데, 정말 그럴까? 살이 빠진다면 어떤 원리 때문이지?'라고 질문하고,

관련 과학지식을 검토한 후, 시도해볼 만한 다이어트 방법인지 비판적 지성을 가진 시민으로서 판단하는 것이다. 메타 과학적 사고에 따르면 새싹보리 다이어트에 성공한 사람이 '있다'는 사실은 그 다이어트 방법이 '내게도' 효과가 있을 것이라는 점을 보장하지 않으므로 새싹보리에 정말 살을 빼는 효능이 있는지, 그렇다면 어떤 원리인지 질문을 먼저 하는 것이다.

사실 사람마다 각기 다른 생리적 특성을 고려할 때 특정인에게 효과 있는 다이어트 방식이 다른 사람에게도 똑같이 효과가 있을 리 만무하다는 걸 우리는 경험적으로 대충 알고 있다. 몸에 좋다는 인삼도 열이 많은 체질이어서 '안 맞는' 사람이 있다는 말을 들어본 적이 있을 것이다.

여기서 더 나아가 이 다이어트 방법이 몇몇 사람에게만 맞는 방법인지 아니면 보편적으로 효과가 있는 방법인지를 과학적으로 확인해볼 필요가 있다. 소화제처럼 대개 체질에 관계없이 잘 듣는 약도 있으니까 말이다. 이런 경우 무작위로 사람들을 선택해 대조군 시험을 한다. 그런데 대조군 시험은 비용이 많이 들고, 윤리적인 이유로 실행 자체가 어려울 때가 많다. 미세먼지가 사람에게 얼마나 해로운지를 알기 위해 강제로 사람들에게 미세먼지를 마시게 하는 생체실험을 할 수는 없지 않은가.

게다가 대조군 시험의 결과는 미리 예측할 수 없기 때문에 그 결과가 경제적으로 중요하다면, 예를 들어 특정 건강보조식품 회사가 자사 제품의 효과가 환상적이라고 주장할 생각이라면 대조군 시험이라는 '모험'을 할 이유가 없다. 그보다는 그 제품을 사용해서 효과를 본 사람을 광고에 내세워 자사 제품이 얼마나 좋은지를 홍보하는 편이 훨씬 비용도 적게 들고 선전효과도 크다. 이쯤 되면 자사 제품을 홍보하는 업체의 광고를 어디서부터 어디까지 믿어야 할지 의심이 들지도 모르겠다.

여기까지 읽고서 '바람직한 자세이긴 하지만, 막막하구나', '내가 직접 대조군 시험을 해야 한단 말인가?' 하고 생각하는 독자도 있을 것이다. 그런데 지금까지의 내용은 이 책이 강조하는 메타 과학적 사고를 활용하면 얼마든지 독자 스스로 추론할 수 있다. 또 개인이 실험을 하지 않더라도 기업이 움직이도록 압박할 수 있다. 적극적으로 의심하고 질문하면서 행동하는 것이다. 합리적으로 의심하고 질문할 줄 아는 시민에게 메타 과학적 사고는 천군만마가 되어준다. 《과학자에게 이의를 제기합니다》의 저자 도다야마 가즈히사 교수가 강조하듯이 현대 사회는 과학과 관련된 쟁점이 우리 삶과 사회의 바람직한 운영에 결정적인 영향을 미치는 경우가 많기 때문에, 과학자가 아닌 일반 시민에게도 메타 과학적 사고는 반드시 필요하다.

물론 과학자에게도 메타 과학적 사고는 필수다. 현대 과학은 워낙 세분화되어 있어서 과학자조차 자신의 전공분야가 아니면 일반인들보다 더 많이 안다고 이야기할 수 없다. 더욱이 과학연구 자체에 필요한 과학적 사고에 비해 메타 과학적 사고는 보통의 과학연구 과정이라면 별로 고민하지 않는 문제를 다루기 때문에 특별히 어렵고 중요하다. 예를 들어 '이 과학지식은 어떤 조건에서 얼마나 믿을 만한가?', '서로 다른 과학지식이 충돌한다면, 이를 어떻게 해결해야 하나?', '과학적 분쟁에서 인문적·사회적 가치를 어떻게 반영해야 하는가?'와 같은 질문에 답해야 할 때 필요한 것이 메타 과학적 사고다.

과학자에게도 난처한, 이런 질문이 제기되는 상황을 과학철학계에서는 '포스트 노멀 사이언스', '진행 중인 과학' 등 다양한 말로 표현한다. 비슷한 맥락에서 저자가 사용하는 개념은 '트랜스-사이언스'다. 트랜스-사이언스의 특징은 쟁점이 되는 문제가 과학적으로 답을 구하기가 매우 어렵거나 과학적으로 문제를 설정하는 방식 자체가 다양해서 유일한 답을 찾기가 어렵다는 점이다.

예컨대 '핵발전소는 위험한가?'라는 질문은 얼핏 보면 과학적 질문처럼 보이지만 실제로는 트랜스-사이언스적 질문이다. 반면 '개선형 한국 표준형 원자로를 사용하는 핵발전소에서 10년 내에 국제원자력 사고등급으로 4등급 이상의 사고가 발생할 확률은 얼마인가?'라는 질문은 과학적인 질문이다. 두 질문은 어떤 점에서 다를까?

두 번째 질문에 답하기도 쉽지는 않지만, 적어도 우리는 이 질문에 답하기 위해 어떤 방식으로 자료를 수집하고 어떻게 그 결과를 정리하여 전문가들이 인정할 수 있는 타당한 답을 낼지를 알고 있다. 하지만 첫 번째 질문처럼 복잡한 단서조항 없이 덮어놓고 '핵발전소는 위험한가?'라고 물으면 '위험'이 정확히 무엇을 의미하는지 알 수 없다. 그래서 이 질문은 대답하기 어려운, 열려 있는 트랜스-사이언스적 질문이 된다.

또 까다로운 것은 '위험'이란 사안이다. 어느 정도까지 위험해야 위험하다고 말할 수 있을까? 이 부분에도 판단이 필요하다. 그런데 이 판단은 같은 과학자라도 핵공학자에게 묻느냐, 핵의학자에게 묻느냐에 따라 답이 다르다. 수집되는 자료나 위험을 정의하는 방식이 분야마다 다르기 때문이다.

문제는 일반 시민이 과학과 관련하여 궁금해 하는 거의 대부분의 질문이 이처럼 트랜스-사이언스적 질문이라는 사실이다. 이 질문에 답하기 위해 관련 과학자들의 최신 연구결과를 참조하는 것이 하나의 중요한 방법이 될 수 있다. 그러나 이 책의 저자가 강조하듯 그것만으로는 질문에 대한 답을 찾을 수 없다. 앞서 말했듯 동일한 과학지식에 근거해도 어느 정도 위험이라야 시민이 수용할 수 있는지에 대한 판단이 분야마다 다를 수 있기 때문이다.

더욱이 핵발전소의 위험은 단독으로 판단할 수 있는 그런 사안이 아니다. 우리 삶과 사회가 운영되기 위해서는 상당한 양의 에너지를 지속적으로 생산하는 일이 꼭 필요하다. 이런 점을 고려할 때 핵발전소에 대한 판단은 에너지를 얻는 다른 방식, 예를 들어 화력 발전이나 태양광 발전과의 비교가 필요하다. 이 비교는 서로 다른 발전 방식의 위험성만이 아니라 경제성이나 환경에 미치는 영향까지 함께 고려해야 한다. 이렇게 되면 당연히 이야기가 복잡해진다.

이렇게 현대 사회에서 과학과 관련된 판단은 우리 삶과 밀접하게 연관되어 있는 동시에 복잡하다. 《과학자에게 이의를 제기합니다》에서 저자가 트랜스-사이언스적 질문이 넘쳐나는 현대 사회에서 일반 시민에게 꼭 필요하다고 강조하는 것이 과학 리터러시다.

보통 과학 리터러시는 과학 내용을 얼마나 많이 알고 있는지로 측정한다. 저자는 이 책에서 리터러시를 과학철학자들이 사용하는 의미의 과학 리터러시, 즉 과학과 관련된 중요한 쟁점에서 관련된 과학지식을 비교하고 조사하고 분석한 다음 여기에 개인적·사회적 가치판단을 결합시켜 나름대로의 행동 기준을 이끌어내는 능력이라고 소개한다. 이런 의미의 과학 리터러시야말로 현대 사회를 살아가는 모든 시민이 갖추어야 할 기본 소양이다.

지금도 흥미로운 과학연구들이 계속해서 발표되고 있다.

'남성은 본질적으로 폭력적이고, 여성은 본질적으로 포용적일까?', '모성은 본능적으로 타고난 것일까? 사회적으로 학습된 것일까?', '획기적인 암치료제를 몇 년 안에 약국에서 살 수 있을까?', '유전자변형작물은 얼마나 해로울까? 피할 수는 없는 걸까?'

이처럼 우리 주변에는 과학지식에 대한 정확한 이해는 물론이고 조심스러운 가치판단까지 필요로 하는 실천적 문제들이 많다. 저자 도다야마 교수의 소망처럼 필자도 독자들이 이 책을 읽고 그 어려운 문제들을 스스로 탐색하고 나름의 판단에 따라 답하고 행동할 수 있는 '과학 소양'을 얻기를 희망한다.

들어가기

지금부터 '과학적 사고'를 주제로 강의를 시작하겠습니다.

'이제 와서 두꺼운 과학 교과서를 읽을 기력도 없고, 무엇보다 어려워서 읽을 수가 있어야지 말야' 하고 한숨을 내쉰 적이 있나요? 예를 들면 이렇게 말이죠.

텔레비전과 신문은 지진과 원전 뉴스를 매일 보도하고 전문가들은 '해설'이라는 이름으로 기사에 대해 많은 말을 쏟아낸다. 그런데 그 해설이라는 게 무슨 말인지 잘 모르겠다. 신문에 실린 해설조차 매체에 따라, 날짜에 따라, 사람에 따라 하는 말이 전혀 다르니, 대체 뭐가 진실이란 말인가?

물리, 화학, 생물, 지구과학, 학교 다닐 때 과학을 많이 배우긴 했는데 기억나는 건 거의 없다. 학교 교육이 끝난 후 과학과의 연결고리를 어떻게 유지할 수 있는지 그 방법을 배우지 못한 것이 가장 큰 문제라는 생각이 든다. 과학에 관한 다양한 정보를 어떻게 받아들이면 좋을까? 우리 같은 비전문가는 과학을 정확히 판단하는 것도 올바르게 비판하는 것도 무리인 걸까? 우리는 교수와 정치가들의 말에 일희일비하는 무력한 존재에 불과한 걸까?

아니요, 그렇지 않습니다. 이 강의는 이러한 답답함을 해결하기 위해 준비되었습니다. 강의는 과학적 사고의 개념, 그러니까 '과학적으로 생각한다는 것'은 무엇인지에 대해서 살펴보고, 시민으로서 과학과 기술의 올바른 방향을 정확히 판단해 과학과 기술에 관한 결정에 참여할 수 있도록 하는 리터러시◆, 즉 '시민을 위한 과학 리터러시'를 익히는 것을 목표로 합니다. 그럼 강의의 개요를 살펴볼까요?

1부 '과학은 잘 모르지만 과학을 이야기할 수 있다'는 기초편입니다. 이론과 가설, 검증과 반증 등 과학 교과서에는 없지만, 과학을 말하기 위해 꼭 필요한 개념을 설명하고 그 의미를 깊이 고찰합니다. 2부 '과학자가 아니어도 쓸데 있는 과학 리터러시'는 응용과 실천편으로, 원전사고 등 과학기술이 가져온 위험과 일상생활에 큰 영향을 미치는 주제를 선별해 시민이 과학과 기술의 개념을 정확히 판단하고 올바르게 비판하려면 어떻게 해야 하는지 살펴봅니다. 이를 통해 과학자가 아닌 일반 시민이 왜 과학 리터러시를 익혀야 하는지, 그 근본적인 이유를 밝힙니다.

1부에서는 중요한 대목마다 '과학을 제대로 이야기하기 위한 연습문제'를 넣어두었습니다. 본문을 잘 읽고 나서 풀어보기 바랍니다. 그다음 이 책 끝에 실린 해답과 해설을 읽어보세요. 깊은 과학적 사고에 한걸음 더 가까이 가게 되리라 보장합니다.

그럼 바로 강의를 시작해볼까요?

◆ 리터러시란 글을 읽고 쓰는 능력을 가리키며, 과학 리터러시는 과학을 이해하고 활용하는 능력을 말한다_옮긴이

차례

3장 운석과 공룡을 연결하면 어떤 이야기가 될까?

설명한다는 것

4장 해왕성은 맞고, 수성은 틀리다

이론과 가설 만들기

5장 틀린 과학과 유사과학은 다르다

검증과 반증

6장 비교 없는 99.9퍼센트는 위험하다

실험과 해석

2부 과학자가 아니어도 쓸데 있는 과학 리터러시

7장 과학자도 아닌데 왜 과학 리터러시를 알아야 할까?

질문할 수 있다

8장 피폭 위험성은 얼마나 되는걸까?

판단할 수 있다

9장 도대체 시민이란 누구지?

1부

과학은 잘 모르지만 과학을 이야기할 수 있다

1장

창조론자의 과학은 진짜 과학일까?

이론과 사실

과학이 말하는 언어와 과학을 말하는 언어

먼저 아래 어휘군 A를 보세요.

어휘군 A 과학이 말하는 언어-과학적 개념

지브라피시zebra fish, 선충, 바이러스, 프리온prion, 유전자, 자연선택, 수소결합, DNA, 지각판, 맨틀, 초신성, 질량, 가속도, 전자파, 우라늄, 중성자, 연쇄반응, 에너지, 엔트로피, 매그니튜드magnitude, 시버트sievert

과학에서 자주 사용하는 어휘입니다. 지진을 설명할 때 지각판이나 매그니튜드라는 말을 흔히 사용합니다. 원전 관련 뉴스 때문에 베크렐becquerel과 시버트라는 단위도 낯설지 않습니다. 이러한 어휘를 통해 과학은 움직입니다. 이 어휘들에 대응하는 무언가가 세상에 존재하고, 과학은 이 어휘들을 써서 그 무언가에 대해 말합니다. 그런 의미에서 어휘군 A를 '과학이 말하는 언어'라고 해둡시다.

그런데 과학과 관련된 언어는 이러한 종류만 있는 것이 아닙니다. 또 한 종류의 큰 그룹이 있습니다. 어휘군 B를 보세요.

어휘군 B 과학을 말하는 언어-메타 과학적 개념

이론, 가설, 측정, 관찰, 예측, 애드혹ad-hoc, 설명, 원인, 상관관계, 유의차, 법칙, 보편적, 일반적, 특수 케이스, 방정식, 모델, 귀납, 연역, 유추, 진리, 정보, 방법론, 가설 연역법, 제어, 실험, 검증, 반증

이들은 어휘군 A, 그러니까 과학이 말하는 언어와는 성질이 다릅니다.

과학이 말하는 언어는 과학이 연구하는 대상(이 세상의 현상과 생물, 물질과 질량)에 붙은 이름이지만 이론이나 가설, 관찰 같은 어휘는 그렇지 않습니다. 어휘군 B에 속하는 어휘는 '과학에 대해서 말하는 언어' 또는 '과학을 말하는 언어'입니다.

현실의 과학은 두 어휘군을 활용하여 움직입니다. 우라늄이나 중성자라는 말만으로는 과학이라는 행위를 할 수 없습니다. "'측정'은 부정확하니 다시 해라"라든가 "우리의 '이론'으로부터 이러한 점을 '예측'할 수 있습니다"와 같이 과학자는 과학을 말하는 언어를 통해야 과학이라는 행위를 할 수 있습니다.

한편 과학적인 활동을 일상적으로 하지는 않지만 과학자가 아닌 사람도 과학에 대해 말해야 하는 때가 있습니다. 원자력발전을 비롯한 과학기술이 세상에 큰 영향을 미치는 요즘처럼 바람직한 과학기술의 활용이란 무엇인지 고민해야 할 때가 그렇습니다.

원자력을 연구하는 과학자들의 활동과 설명, 커뮤니케이션의 현재를 모니터하고자 한다면 과학이 말하는 언어 말고도 과학을 말하는 언어를 자유자재로 구사할 수 있도록 준비하는 것이 중요합니다.

지금부터 어휘군 A의 과학이 말하는 언어를 '과학적 개념'이라고 부르고 어휘군 B의 과학을 말하는 언어를 '메타 과학적 개념'이라고 부르기로 합시다. 메타meta라고 하면 어딘가 모르게 멋 부린 표현 같지만 '~에 대한' 정도로 생각하면 됩니다.

이러한 메타 과학적 개념을 올바르게 쓸 수 있도록 하는 것이 1부의 목표입니다. 이제부터 다양한 메타 과학적 개념을 어떻게 이해해야 하는지, 메타 과학적 개념들이 각각 상호적으로 어떤 관계를 맺고 있는지 설명하고자 합니다.

크리에이셔니스트 스티커

첫 번째 예로 설명할 용어는 '이론'과 '사실'입니다. 사실 저는 이 두 용어가 어처구니없는 오해를 받고 있다고 생각합니다.

여러분은 미국에 크리에이셔니스트라는 사람들이 있다는 사실을 알고 있나요? 크리에이셔니스트creationist는 창조론자로 번역됩니다. 미국이라는 나라는 아주 특이해서 과학과 기술이 발달한 동시에 종교적으로 지극히 보수적인 사람들도 많습니다. 기독교원리주의자라 불리는 사람들이죠. 그들은 정부의 정책에도 지대한 영향을 끼치며 부시 전 대통령(아들)은 기독교원리주의자들의 엄청난 지지를 받고 있는 것으로 유명합니다.

창조론자는 성서에 쓰인 대로 지구와 생명체의 역사를 이해하려고 합니다. 다시 말해 생명체란 본래 신, 아니면 뛰어난 지성을 가진 존재가 현재의 모습으로 하나하나 만든 존재라는 주장입니다. 인간도 처음부터 인간의 모습이었고 달팽이도 처음부터 달팽이의 모습으로 신이 창조했다는 거죠. 창조론자는 이런 신념을 가진 사람들로, 당연히 다윈의 진화론에 반대합니다.

창조론자는 다양한 활동을 하고 있는데 그중 크리에이셔니스트 스티커 운동이 있습니다. 그림 1-1과 같은 스티커를 제작해 학교와 도서관에 소장된, 생물 진화에 관한 설명이 실린 생물학 교과서에 붙이는 활동입니다. 스티커에 적힌 말을 번역하면 다음과 같습니다.

> This textbook contains material on evolution. Evolution is a theory, not a fact, regarding the origin of living things. This material should be approached with an open mind, studied carefully, and critically considered.
>
> *Approved by*
> *Cobb County Board of Education*
> *Thursday, March 28, 2002*

그림 1-1 크리에이셔니스트 스티커에 인쇄된 문구

이 교과서에는 진화에 관한 내용이 포함되어 있다. 진화는 종의 기원에 관한 이론이지, 사실이 아니다. 이러한 내용은 열린 마음으로 논의하고 주의 깊게 연구하며 비판적으로 고찰해야 한다.

이러한 운동이 불과 수년 전, 미국 남부를 중심으로 활발히 일어났죠.

그럼 'Evolution is a theory, not a fact', 즉 '진화는 이론이지, 사실이 아니다'라는 구절에 주목해봅시다. 이론과 사실이라는 메타 과학적 개념이 드디어 등장했습니다.

지적설계론의 전략

이론과 사실, 이 두 용어는 창조론자들이 펼친 또 다른 운동에서도 볼 수 있습니다. 창조과학, 그리고 그다음으로 전개한 지적설계론입니다. 이것은 어떤 운동일까요?

생물학 수업에서 성서의 창조설을 가르치자든가 진화론 수업을 금지하자고 직접적으로 말하면 미국 헌법에 명시된 신앙의 자유와 정교분리의 원칙에 위배됩니다. 위헌이 되는 거죠. 그래서 창조론자들은 창조설을 바탕으로 창조론을 증명하는 과학을 만들었습니다. 바로 창조과학입니다. 창조과학에서 신과 관련된 요소를 더 지운 것이 지적설계론이고요. 속내는 창조설이지만 신과 관련된 말은 하지 않죠. 지적설계론자들은 말합니다.

"이 세상의 생명체를 보라. 예를 들면 새는 뼈도 근육도 하늘을 날 수 있도록 아주 훌륭하게 만들어져 있다. 이렇게 훌륭한 조형물은 자연에 맡겨둔다고 해서 저절로 되는 일이 아니다. 지성을 가진 디자이너, 설계자가 있고, 모두 그 존재가 디자인한 것이다."

창조설을 과학 학설처럼 포장해놓고, '이것도 과학'이라며 진화론과 같은 시간만큼 가르친 후 어느 쪽을 믿을지는 학생들이 자유롭게 선택하도록 하자는 것이 창조론과 지적설계론, 양쪽의 전략이었습니다. 결국 펜실베이니아 주 도버 카운티의 교육위원회는 2004년 지적설계론을 학교에서 가르치기로 결정했고, 그 결과 생물학 교사는 수업 전에 다음과 같은 글을 읽는 것이 의무화되었습니다.

> 다윈의 이론은 하나의 이론이며 새로운 증거가 발견되면 그에 합당한 검증이 이루어져야 한다. 다윈의 이론은 '사실'이 아니다. 지적설계론은 다윈의 견해와는 다른, 생명의 기원에 관한 설명이다. (중략) 어떤 이론이 진실이든 학생들은 열린 마음을 가지도록 장려되어야 한다.

교육위원회의 이 결정에 대해 당시 부시 대통령이 지지를 표명하여 큰 논란이 벌어지기도 했습니다. 그래서 그림 1-2와 같은 만화가 봇물 터지듯 그려졌죠.

그림 1-2 "부시 대통령은 학교에서 진화론과 함께 지적설계론을 가르치기를 바란다. 왜냐하면 우리가 원숭이에서 진화했다는 것은 바보 같은 생각이기 때문이다."

진화학자의 응답

펜실베이니아 주에서 수업 전에 읽어주었던 글에도 이론과 사실이라는 말이 등장합니다. 다윈의 이론, 즉 진화론은 사실이 아닌 이론에 불과하다고 말이죠. 그렇다면 여기서 창조론자는 무슨 말을 하고 싶은 걸까요? 사실이 아닌 이론에 불과하다고 할 때의 '사실'은 무엇일까요?

이렇게 한번 생각해봅시다. 진화학자에게 "다윈의 진화론은 이론입니까?"라고 물으면 그는 어떻게 답할까요? 그는 분명 "물론이죠, 그렇습니다. Theory of Evolution이라고 하잖습니까, 이론입니다"라고 답할 겁니다. 그렇다면 "다윈의 진화론은 사실입니까?"라고 묻는다면 어떻게 답할까요? 아마도 이렇게 답하겠죠.

"사실이냐니, 무슨 뜻입니까? 100퍼센트 확실하다고 밝혀져 더는 의심할 방법이 없고 절대로 뒤집을 수도 없고 앞으로도 영원히 옳은 진리냐는 뜻으로 말씀하시는 건가요? 만약 그렇다면 사실이 아닙니다." 혹은 "저는 다윈주의가 현시점까지의 증거에 비춰보는 한 옳다고 생각하고 그것을 전제로 연구하고 있습니다만, 영원히 옳다는 보장이 있는지는 모르겠습니다. 훗날 더 좋은 이론이 나타나 뒤집어질 가능성이 완전히 없지는 않습니다"라고 대답할 것입니다.

이상하지 않습니까? 창조론자는 진화론은 사실이 아니라 이론이라고 말합니다. 진화론자들도 그렇다고 수긍하죠. 실제로 자신이 쓴 교과서에 크리에이셔니스트 스티커가 붙은 생물학자 케네스 밀러Kenneth Miller는 스티커에 적힌 문구가 마음에 든다고 했답니다. 이 대목만 보면 양쪽은 같은 이야기를 하고 있는 것입니다.

같은 말을 하고 있는데도 대립한다는 것은 용어의 의미가 달라서겠죠. 이론과 사실이라는 단어는 양쪽에서 서로 다른 의미를 갖습니다.

창조론자는 이론이란 불확실하고 모호한 것, 틀릴 가능성이 매우 높은 것이라고 생각합니다. 한편 사실에 대해서는 100퍼센트 확실한 것, 다시 뒤집을 수 없는 것, 영원불변한 것이라고 인식합니다. 이렇게 사고하면 이론과 사실이 정확히 둘로 나뉩니다. 그런 이유로 '다윈의 진화론은 사실이 아닌 이론'이라고 말하면 왠지

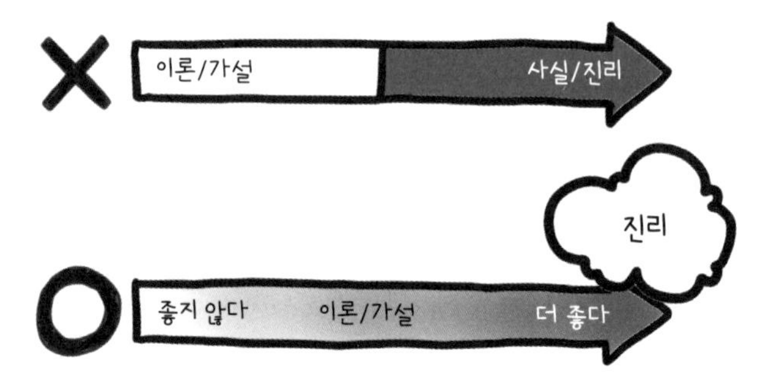

그림 1-3 과학이 나아가는 방향

모르게 진화론의 지위를 깎아내리는 듯한 느낌이 들죠. 반면 과학자들은 보통 다음과 같이 생각합니다.

'과학이 다루는 것은 모두 이론이고, 그중 더 좋은 이론과 그다지 좋지 않은 이론이 있다. 과학의 목적은 이론을 아주 조금이라도 더 좋은 쪽으로 가져가는 것이다.'(그림 1-3 아래쪽 화살표)

결론을 말하자면 창조론자와 과학자는 같은 용어를 사용하면서도 완전히 다른 틀 안에서 사고합니다. 더욱이 창조론자처럼 이론과 사실을 흑백으로 나누는 이분법에 근거해 생각하는 것은 매우 위험한 일입니다(그림 1-3 위쪽 화살표). 왜일까요?

99.9퍼센트는 가설

과학자가 만드는 것은 가설과 이론입니다. 이 책에서는 여러 가설이 모여 이루는 하나의 단위를 이론이라고 정리합니다. 과학자가

'이게 아닐까' 혹은 '저거잖아' 하고 말하는 것은 모두 가설과 이론입니다. 그런데 창조론자처럼 이분법적으로 생각해서 가설과 이론을 사실이나 진리가 아닌 것으로 한데 묶어버리면, 가설과 이론들은 모두 같은 무게를 가지게 되겠죠. 창조론자의 전략은 다윈의 진화론이든 지적설계론이든 모두 이론 혹은 가설이라는 점에서는 동등하므로 학교에서도 같은 시간을 할애해 가르치자는 것입니다.

하지만 제대로 된 과학자는 그렇게 생각하지 않습니다. 지적설계론의 주장과 다윈의 진화론은 물론 양쪽 모두 이론이며 가설에 지나지 않죠. 여기까지는 말 그대로 그렇습니다. 그러나 가설 중에는 좋은 가설과 나쁜 가설이 있습니다. 현재의 지식으로는 다윈의 진화론이 지적설계론에 비해 더 좋은 가설입니다. 과학은 100퍼센트의 진리와 100퍼센트의 허위 사이에 있는 회색영역에서 '조금이라도 좋은 가설'을 추구하는 행위입니다. 따라서 지적설계론이 아닌 다윈의 진화론을 학교에서 가르치는 데는 명백한 이유가 있습니다. 시간이 제한되어 있다는 사실을 고려하면 더 좋은 가설을 먼저 가르쳐야 하기 때문입니다. 그렇다면 어떤 가설이 더 좋은 가설일까요? 2장에서 설명합니다.

과학작가 다케우치 가오루가 쓴 《99.9퍼센트는 가설》◆이라는 책이 있습니다. 제목만 보면 '과학의 99.9퍼센트는 가설이라는 건

◆《99.9퍼센트는 가설-덮어놓고 판단하지 않기 위한 생각법 99·9%は仮説-思いこみで判断しないための考え方》(고분샤 신서, 2006년)

가? 역시 과학은 믿을 수 없군'이라고 생각할 수도 있겠지만, 과학에서 논의되는 것의 99.9퍼센트가 가설이라는 의미의 이 제목은 지극히 옳습니다. 그렇다고 해서 과학에서는 무슨 말을 하든 가설이므로 모두 동등하다는 뜻은 아닙니다. '창조론자의 주장도, 진화론자의 주장도 똑같이 가설이니까 가설이라는 점만 보면 차이가 없지 않나' 하고 생각하면 안 됩니다. 가설에는 더 좋은 가설과 더 나쁜 가설이 있기 때문입니다. 《99.9퍼센트는 가설》은 바로 이런 가치관을 바탕으로 하는 책입니다.

흑과 백이 아니라 회색으로

지금까지 설명한 사실이냐 이론이냐로 나누는 이분법적 사고가 위험하다는 지적은 과학과 관련된 다양한 사고에도 해당됩니다. 위험과 안전이 좋은 예입니다. 매우 안전에서 매우 위험까지 완만하게 이어진 리스크 곡선을 위험과 안전, 두 가지로 싹둑 나눠서 여기까지는 안전하지만 여기서부터는 위험하다고 이분법적으로 사고하는 것은 굉장히 위험한 일입니다.

리스크는 안전 아니면 위험으로 깨끗하게 나뉘지 않습니다. 안전과 위험 사이에 펼쳐진 회색영역에서 어떻게 리스크를 줄일지, 피할 수 없다면 다양한 리스크 가운데 무엇을 취사선택할지가 중요한데, 안전과 위험을 이분법적 사고로 나누면 진짜로 고민해야 하는 부분을 가려버립니다. "100베크렐의 방사선량이 검출된 이 시금치를 먹어도 되나요, 안 되나요? 어느 쪽인지 확실히 대답해 주세요"라는 질문은 이분법적 사고에 얽매여 있기 때문에 나오는 것입니다.

이런 질문에 과학자는 "이 시금치를 먹을 경우의 리스크는 영이 아닙니다. 따라서 먹지 않을 수 있다면 그보다 좋은 것은 없겠죠. 그 대신 섭취 영양소가 한쪽으로 치우치거나 농가가 어려워지는 등의 리스크가 생깁니다. 어느 쪽의 리스크를 피하면 좋을지 잘 생각해보기 바랍니다"라고 말할 수밖에 없습니다.

다시 말해 과학과 기술이 회색영역에서 이루어지는 행위라는 점을 알고 있다면 당신은 어느 쪽인지 확실히 정하라고 하지는 않겠죠. 강조하고 싶은 것은 과학이 어떤 활동인지를 이해하는 것이 중요하다는 점입니다. 리스크에 대해 어떻게 생각하면 좋을지는 2부에서 자세히 다루겠습니다.

이분법적 사고에는 또 무엇이 있을까요? 과학과 유사과학도 늘 이분법적으로 구분됩니다. 과학철학자는 이 둘 사이에 명확히 선을 그리려는 시도를 계속해왔지만 지금까지 얻은 결론은 과학과 유사과학 사이에 딱 잘라 선을 긋는 일은 아마도 불가능할 것이라는 사실입니다. 물론 과학과 유사과학이 똑같다거나 진화론과 창조과학이 똑같아서 구별되지 않는다는 의미는 아닙니다. 흰색에서 회색을 거쳐 점점 검은색으로 변하고 있는 빛의 띠를 떠올려봅시다. 여기까지가 흰색이고 여기부터는 검은색이라고 선을 그을 수 없습니다. 흰색과 검은색이 같을 리도 없고요.

그렇다면 과학과 유사과학은 방향성을 나타낸다고 생각해보면 어떨까요? 유사과학으로 취급받던 분야가 과학으로 방향을 튼 사례도 있습니다. 19세기 말부터 20세기에 걸쳐 심리학은 물리학을 본보기 삼아 그런 움직임을 추구해왔습니다. 또한 과학이라고 여겨지던 분야 안에서도 사회정치적 상황에 따라 어떤 과학자는 유사과학 쪽으로 빠지는 경우도 있었습니다. '어떤 때 과학은 병드는가', '이 과학은 과연 건전한가' 하는 문제를 검토하는 데도 이분법은 장애물이라고 생각합니다.

한 가지 덧붙이자면 이미 원전 사고가 발생한 지금, 돌이켜보면 원전추진파와 원전반대파라는 이분법적 구분의 문제점도 현실적으로 명확해졌다고 봅니다. 원자력발전을 어떻게 해야 할 것인가 하는 질문에 대한 답으로 '하던 대로 추진하자'는 주장과 '현재 가동 중인 모든 원자로를 폐쇄하자'는 주장의 양극단 사이에는 무수한 선택지가 있습니다. '핵연료 사이클만 중단하자'라든가 '신규 건설은 그만하자' 등이 있겠죠. 그런데도 원전추진파, 원전반대파로 구분 짓는 것은 아무리 생각해도 현실적 이득이 전혀 없습니다.

이런 이분법적 사고의 공통점은 과학이 회색영역에서 조금씩 더 나은 방향으로 나아가고 있다는 사실을 놓치고 있다는 것입니다. 이를 잊지 않으려는 자세가 제대로 된 과학적 사고의 첫걸음입니다.

과학을 제대로 이야기하기 위한 연습문제 | 1

다음 대화에서 과학자를 꿈꾸는 미래가 이른바 유사과학을 신봉하는 은기에게 밀리는 이유를 1장의 내용을 참고하여 생각해봅시다(1부를 다 읽은 다음 문제에 답하면 더 좋은 답이 나올 수도 있습니다).

미래 너는 물에 좋은 말을 해준 다음에 얼리면 깨끗한 결정이 생긴다는 설을 믿는다며? 바보 같아. 물 같은 물질에 인간의 언어를 이해하는 능력이 없다는 건 과학적으로 명백하잖아.

은기 물론 물이 언어를 이해한다는 건 우리의 가설이지. 하지만 물이 언어를 이해할 수 없다는 것도 너희들이 믿는 과학의 가설에 지나지 않아. 나는 내 가설이 틀렸을지도 모른다는 가능성은 인정한다고. 너보다 열린 마음을 가지고 있지. 과학의 역사를 돌아봐. 플로지스톤설이라든가, 자연발생설이라든가, 에테르설이라든가. 과학에도 틀린 학설은 아주 많아.

미래 아니지, 아니야. 그런 오류를 바로잡아왔기 때문에 지금의 과학이 대부분 정확하다고 신뢰받는 거야.

은기 내가 말하고 싶은 건 그런 게 아니야. 에테르설을 믿었던 당시에는 과학자들이 당연히 에테르가 있고, 확실한 증거도 있다고 생각했잖아. 그런데 시간이 흐르니 에테르설은 틀린 것이 되었어. 그렇다면 지금 네가 옳다고 믿는 이론도 훗날엔 오류였다는 사실이 밝혀질지도 모르잖아? 왜 그렇게 독선적으로 내 가설은 옳지만 네 가설은 틀렸다고 자신 있게 말할 수 있는 거지?

미래 그거야…….

1장에서 이것만은 알아두자!

이론과 사실, 가설과 진리를 이분법적으로 생각하는 것은 안전과 위험, 과학과 유사과학을 이분법으로 나누는 것과 마찬가지로 과학과 기술의 현실을 고려하고 있지 않다. 오히려 악용될 소지마저 있는 매우 위험한 사고방식이다.

2장

프톨레마이오스와 뉴턴, 누구의 하늘이 실제일까?

더 좋은 이론과 가설

진리에 가까우면 좋은 이론일까

지금까지 계속 말했듯이 과학은 진실과 거짓, 중간의 회색영역에서 조금이라도 좋은 가설과 이론을 추구하는 행위입니다. 이제 다음 단계로 고민해야 하는 것은 더 좋은 가설과 더 좋은 이론이란 무엇인가 하는 문제입니다.

이 질문에 대한 바람직하지 않은 답은 '진리에 가까운 이론이 더 좋은 이론'이라는 것입니다. 이 세계의 진실, 진짜 모습에 가까운 가설이 더 좋은 가설이고, 먼 가설이 더 나쁜 가설이라는 사고방식은 어느 면에서는 타당해보이지만 아무 쓸모가 없는 사고방식입니다.

왜냐하면 어떤 이론과 그 세계의 진리(진짜 모습)를 비교해보고 가깝다 멀다 판단할 수 있는 시점이란 있을 수 없기 때문입니다. 만약 있다면 신의 시점밖에 없겠죠. 우리는 과학의 가설과 이론을 통해서만 이 세상의 진짜 모습에 다가갈 수 있습니다. 과학 이론과 독립적으로 이 세상의 진리를 아는 건 불가능하기 때문에 진

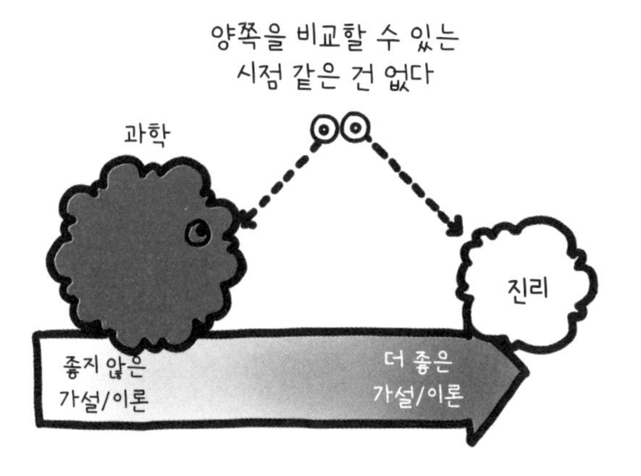

그림 2-1 우리는 과학 안에서만 진리를 엿볼 수 있다

리와의 거리로 이론의 좋고 나쁨을 판단할 수는 없습니다. 따라서 진리에 가까운 이론이 더 좋은 이론이라는 답은 틀린 것입니다(그림 2-1).

그렇다면 가설 A와 가설 B 중 어느 쪽이 더 좋은 가설인지 판단하려면 어떻게 해야 할까요? 뭔가 적절한 기준이 있을까요?

프톨레마이오스의 천문학과 뉴턴의 물리학

구체적인 예를 살펴봅시다. 다음의 두 가설을 비교해보죠. 우선 프톨레마이오스의 천문학. 프톨레마이오스라는 사람은 2세기경의 인물이므로 아주 옛날 사람입니다. 하지만 그가 정립한 천문학은 16세기까지 정설이었습니다. 굉장히 잘 만든 가설인 셈입니다.

그림 2-2 프톨레마이오스 천문학의 모식도(출처: Wikipedia)

또 하나의 가설로 뉴턴의 물리학을 들어보겠습니다. 뉴턴은 17세기 영국인입니다. 이 둘을 놓고 비교할 때 현대를 사는 우리는 뉴턴의 물리학이 더 좋은 이론(가설)이라고 판단합니다. 그렇다면 양쪽의 차이는 무엇일까요?

프톨레마이오스의 천문학은 흔히 천동설로 불립니다. 그 모식도인 그림 2-2의 중심에는 지구가 있습니다. 그 바깥에 달, 수성, 금성, 태양, 화성, 목성, 토성이 돌고 있습니다. 그 바깥에는 항성천◆이 있고 가장 바깥쪽 원이 우주의 끝입니다. 그 바깥에는 '신이 사는 곳'이라고 적혀 있습니다. 그래서 지구중심설이라고 합니다.

◆ 프톨레마이오스의 우주계에서 항성이 고착되어 있다고 설명하는 가장 바깥쪽의 천구를 말한다_옮긴이

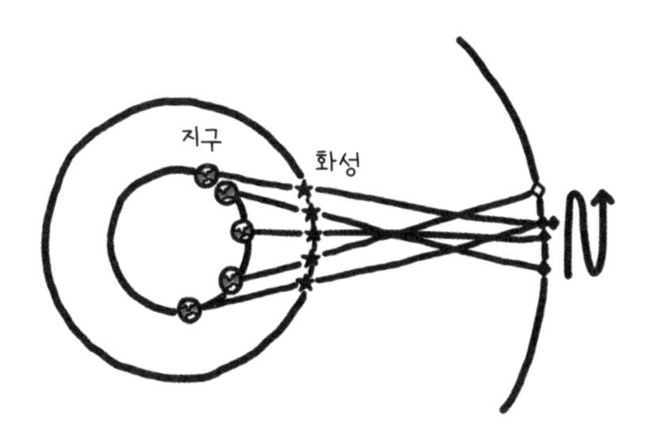

그림 2-3 행성의 불규칙한 운동

프톨레마이오스 이전에도 지구중심설은 있었습니다. 그런데 골치 아픈 문제가 있었죠. 바로 행성의 움직임이었습니다. 우리에게도 낯익은 안타레스Antares라든가 베가Vega◆ 같은 별은 지구에서 보면 하늘에서 규칙적으로 움직이고 있습니다. 그런데 지구에서 화성 같은 행성의 움직임을 보면 약간 불규칙한 운동으로 보입니다. 지구가 화성을 앞서 지나가는 일이 있기 때문입니다. 이때는 천구 위에서 점점 동쪽으로 향하여 움직이던 화성이 어느날 갑자기 서쪽으로 방향을 전환한 것처럼 보입니다. 이것은 천체가 원운동을 한다고 전제한 당시의 천문학에서 골치 아픈 문제였습니다. 행성도 천체이므로 되도록 깔끔하게 원운동을 하면 참 좋겠는데, 가끔씩 역행해버리는 거죠(그림 2-3).

◆ 안타레스는 전갈자리의 1등성이고, 직녀성이라고도 부르는 베가는 거문고자리의 1등성이다_옮긴이

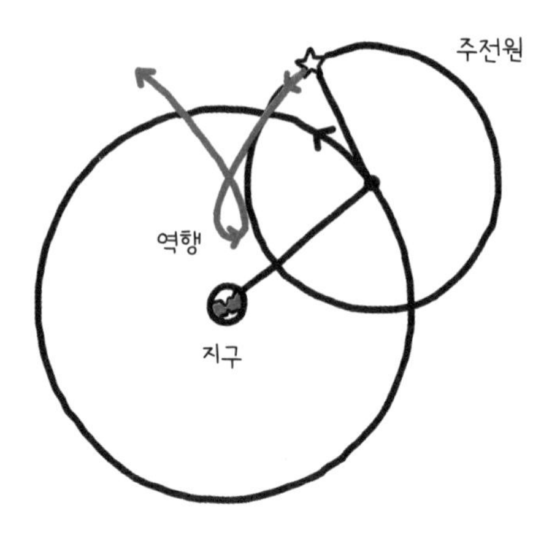

그림 2-4 주전원 도입

프톨레마이오스가 이 문제를 해결합니다. 《알마게스트》라는 천문학 책에서 그가 고안해낸 가설에 따르면 행성은 또 하나의 작은 원 주위를 돌고 그 원이 지구를 돕니다(그림 2-4). 이 작은 원을 주전원이라고 하는데, 주전원을 도입해 생각하면 행성의 역행도 잘 설명됩니다.

그러나 천문관측이 점점 정밀해지면서 한 개의 주전원만으로는 행성의 움직임을 정확히 나타낼 수 없게 됩니다. 그러자 주전원 위에 겹쳐지는 또 다른 주전원을 만들기 시작합니다. 결국 《알마게스트》에서는 화성, 목성을 비롯한 그 밖의 행성의 움직임을 관측 데이터에 맞추기 위해 무려 70개의 주전원을 사용했습니다. 그래도 관측 데이터에 맞지 않자 지구의 위치를 옮기고 중심점에 이심점이라는 점을 별도로 놓은 다음 주전원은 이심점에 대해 등속으로 움직인다는 가정을 덧붙이는 등 일단 더하고 보자는 식으로

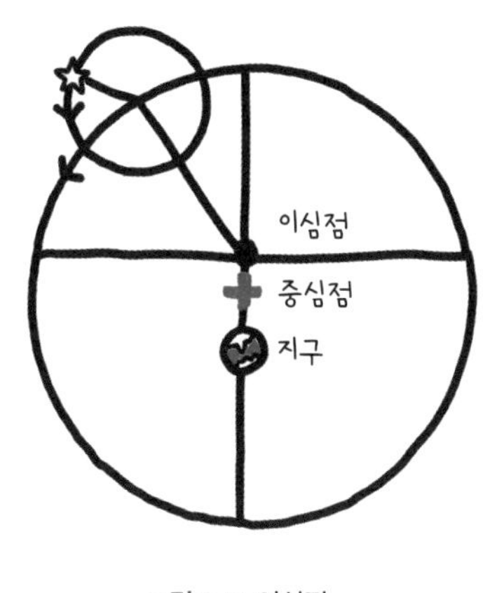

그림 2-5 이심점

여러 가정을 추가해 어떻게든 관측 데이터에 맞도록 짜맞췄습니다(그림 2-5).

이렇게 복잡해진 천동설을 두고 너저분해서 아름답지 않다고 생각한 사람이 15세기 말부터 16세기에 걸쳐 활약한 코페르니쿠스였습니다. 천동설은 물론 천문학 데이터에는 부합하지만(이런 것을 두고 '현상을 구제한다'◆고 말합니다) 임시방편으로 여러 가정이 더해져 있는데다 주전원이 너무 많습니다. 코페르니쿠스는 가톨릭 사제였기 때문에 '신이 보기 흉한 우주를 창조할 리가 없다. 분명 더 보기 좋게 창조했을 것'이라고 생각했습니다.

그래서 일단 태양을 한가운데 두고 지구를 움직여보니 답답함

◆ 과학에서, 원인을 규명하려 하지 않고 눈에 보이는 현상만을 설명하기 위해 그럴듯한 이론을 제안하는 것을 가리킨다_옮긴이

이 약간 해소되었습니다. 이심점처럼 쓸데없는 점도 필요 없어지고 주전원의 개수도 상당히 줄일 수 있었죠. 이것이 바로 천동설에서 지동설로의 전환입니다.

뉴턴 역학이 더 좋은 가설인 이유

다음으로 뉴턴 역학을 살펴봅시다. 뉴턴 역학이 완성된 것은 17세기였습니다. 그리고 그로부터 100년이 넘게 지난 어느날, 프랑스의 천문학자 알렉시 부바르Alexis Bouvard라는 인물이 뉴턴 역학을 근거로 천왕성의 움직임을 이론적으로 계산해보았습니다. 천왕성은 당시 알려진 행성 중에서 가장 바깥에 있는 행성인데, 뉴턴 역학으로 계산하니 실제로 관측된 천왕성의 궤도와 잘 맞지 않았습니다.

자, 어떻게 하면 좋을까요? 이때 프랑스의 천문학자 위르뱅 르베리에Urbain Le Verrier가 이런 생각을 했습니다. '천왕성의 실제 움직임이 이론과 맞지 않는 것은 천왕성 바깥에 우리가 아직 모르는 행성이 있어 천왕성의 궤도에 영향을 주기 때문이다. 이 행성 때문에 천왕성의 궤도가 계산한 대로 나타나지 않는 것이다.'

말하자면 임시변통인 셈입니다. 편한 대로 미지의 행성을 만들어 가정한 것이니까요. 그런 의미에서는 프톨레마이오스의 주전원, 이심점과 마찬가지로 데이터를 이론에 맞추기 위한 후속 조치에 불과해 보입니다. 르베리에는 이 가설을 바탕으로 미지의 행성의 위치를 예측했습니다. 그런데 예측한 바로 그 위치에서 해왕성이 발견된 것입니다! 발견한 사람은 요한 고트프리트 갈레Johann Gottfried Galle라는 독일의 천문학자입니다.

이제 프톨레마이오스의 천문학과 뉴턴 역학의 차이를 아시겠죠? 프톨레마이오스의 천문학은 이론에 데이터를 맞추기 위해 주전원을 늘리자, 지구의 위치를 옮겨보자, 이심점이라는 다른 점을 만들어보자, 이런 식으로 계속 가정을 늘려갔습니다. 그리고 이런 조치에 급급해 새로운 예측을 할 수 없게 되었죠.

반면 뉴턴 역학의 경우 데이터가 이론에 맞지 않는다는 부분까지는 같았지만, 또 한 개의 행성이 있는 것이 틀림없다는 새로운 예측을 내놓았고, 결국 이 예측이 들어맞았습니다. 뉴턴 역학이 성공했다는 평가를 받는 것은 이해하기 곤란한 점이 있었지만 그것을 역으로 이용해 새로운 예측을 내놓았고 그것이 적중했다는 점 때문입니다. 이 점이 바로 우리가 프톨레마이오스의 천문학보다 뉴턴 역학이 좋은 이론이라고 판단하는 이유 중 하나입니다.

더 좋은 가설과 이론을 판단하는 세 가지 기준

여기서 더 좋은 가설과 이론의 기준을 정리해볼까요.

① 더 많은 수의 참신한 예측을 내놓고 그것을 적중시킬 수 있다.

② 애드혹(임시방편)으로 붙이는 가정이나 정체불명·원인불명의 요소

를 가능하면 포함하지 않는다.

③ 이미 알고 있는 것보다 다양한 현상을 되도록 많이, 되도록 같은 방법으로 설명해준다.

더 있을지도 모르지만 이 세 가지가 주요 기준입니다.

①은 프톨레마이오스의 천문학과 뉴턴 역학의 예를 떠올리면 알 수 있죠. 프톨레마이오스의 천문학은 천문관측 결과를 이론에 맞추기 위해 가정이 늘어나면서 복잡해졌지만 새로운 내용은 단 하나도 예측하지 못했습니다. 반면 뉴턴 역학은 천왕성의 궤도가 이론에 따라 계산한 대로 나타나지 않는다는 어려움은 있었지만 거기에서 '그럼 또 하나의 행성이 있을 것'이라는 새로운 예측을 내놓았고, 게다가 적중했습니다. 이것이 더 좋은 가설의 기준 중 하나입니다.

②에 비춰보아도 프톨레마이오스의 천문학은 불합격입니다. 주전원과 이심점은 임시방편식 가설일 뿐입니다. 이런 임시방편식 조치를 가리킬 때 애드혹이라는 말을 씁니다.

원인을 설명하지 못하는 이론

더 좋은 가설과 이론의 기준 ③에 관해 설명하기 전에 더 좋은 가설과 이론의 기준 ②에서 이야기한 애드혹에 관한 예를 하나 더 살펴보겠습니다. 일본열도가 어떻게 만들어졌는지를 말해주는 이론

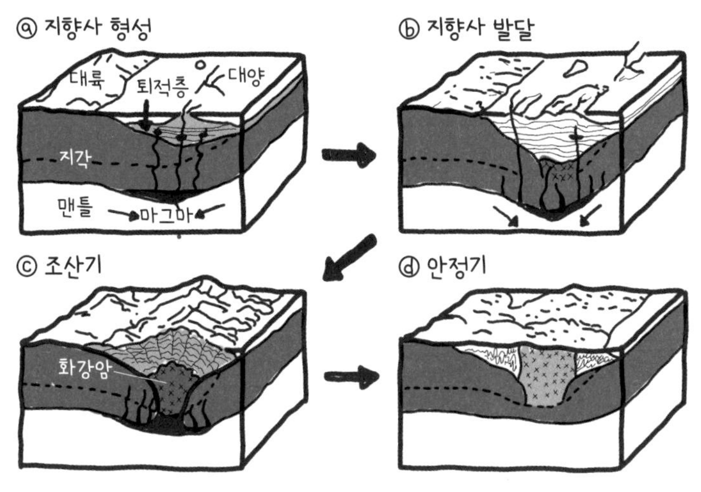

그림 2-6 지향사 조산론

입니다. 1960년대에 미국을 중심으로 판구조론plate tectonics이라는 이론이 등장했는데, 일본에는 이 이론이 약간 늦게 소개됐습니다. 판구조론이 수용되기 전 일본열도가 어떻게 생겨났는지를 설명하던 영향력 있는 이론이 지향사 조산론地向斜造山論입니다.

지향사 조산론을 그림으로 설명한 것이 그림 2-6입니다. 먼저 ⓐ를 보기 바랍니다. 왼쪽의 대륙은 중국대륙입니다. 그 오른쪽 옆이 일본열도가 만들어질 곳으로, 아직 생기기 전입니다. 우선 해저에 대륙으로부터 운반되어 온 토사나 플랑크톤의 사체 같은 것들이 퇴적됩니다. 퇴적물이 점점 쌓이면 무거워져서 가라앉기 시작합니다. 그렇게 가라앉은 곳에 다시 퇴적물이 쌓입니다. 이를 반복하면 두꺼운 지층이 생기죠. 이것을 지향사라고 합니다. 그 그림이 ⓑ입니다. ⓒ는 이 지향사가 조산기라 불리는 시대에 두터운 층을 들어올리며 융기하는 모습입니다. 그렇게 해서 ⓓ처럼 일본열도의 원형이 만들어졌다는 설명이 지향사 조산론입니다.

이 이론은 어떤 정치적 이유◆로 인해 일본에서 매우 영향력이 있었고, 판구조론이 힘을 얻은 후에도 지구과학 교과서에 얼마 동안 두 이론이 병기되었습니다. 그러나 지향사 조산론은 판구조론에 비하면 그다지 좋은 이론이 아닙니다. 무엇보다 더 좋은 가설의 기준 ②에서 이야기하는 정체불명·원인불명의 요소를 포함하고 있기 때문입니다.

지향사 조산론에서 원인불명의 요소란 '어떤 시기에 왜인지 모르지만 융기한다'는 부분입니다. 지향사가 왜, 어느날 갑자기 솟아오르는지 원인이 밝혀지지 않았죠. 물론 지향사를 융기시키는 힘을 설명하는 다양한 설이 발표되었습니다. 지구의 자전 때문이라는 설, 지구가 빙하기에 수축하면서 나타난 수평 압력 때문이라는 설, 가벼운 화강암이 생겨나면서 부력이 발생했다는 설 등이 있습니다. 그러나 결국 지향사 조산론으로는 지향사를 융기시키는 원인을 제대로 설명할 수 없었습니다. 이렇게 해서는 지향사의 융기라는 정체불명·원인불명의 현상을 전제하지 않으면 왜 일본열도가 생겨났는지 제대로 설명할 수 없는 상태에 머무를 수밖에 없습니다.

◆ 1960년대에 등장한 판구조론이 유럽과 미국에 비해 일본에 10년 이상 늦게 받아들여진 것은 냉전시대의 이데올로기 대립과 관련이 있다. 1960년대 말 좌익세력이 권력을 쥐락펴락하던 당시 일본에서는 소련이 지지하는 지향사 조산론이 자연스럽게 득세했고, 냉전시대가 종식된 이후에도 판구조론이 일본 학계에 자리 잡기까지 여러 논란이 있었다_옮긴이

판구조론의 승리

밝혀지지 않은 부분이 있어도 그것이 유일한 이론이라면 계속 받아들일 수밖에 없었겠죠. 그러나 판구조론이라는 라이벌이 등장하면서 지향사 조산론은 결국 버림받았습니다. 판구조론에 비하면 그다지 좋은 이론이 아니었던 겁니다.

그럼 판구조론은 일본열도의 형성을 어떻게 설명하고 있을까요? 이를 나타낸 것이 그림 2-7입니다. 판구조론은 지각판의 움직임으로 지구과학 현상을 설명하는 이론입니다. TV 프로그램의 지진 해설에서 이 이론을 본 적이 있는 사람도 있을 것입니다. 판plate이란 지구의 표면을 덮고 있는 두께 100킬로미터 가량의 암석입니다.

예를 들어 지진 해설을 보면 해양판이, 나중에 설명할 맨틀 대류라는 현상 때문에 맨틀에 실려 움직이다가 대륙판 아래로 들어가는 경우가 있습니다. 그때 두 개 판의 경계 부분에서 대륙판이

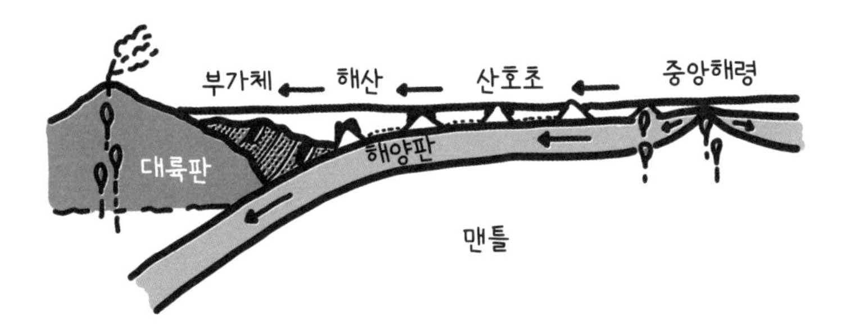

그림 2-7 판구조론에 따른 일본열도 형성론

해양판에게 끌려가다가 그 끌려간 부분이 원위치로 되돌아오면서 발생하는 것이 지진이라고 설명합니다.

판구조론에 따르면 일본열도는 어떻게 생겨났을까요? 우선 맨틀로부터 마그마가 올라와 화산섬이 생겨납니다. 이것이 판에 실려 움직이는데, 그 사이에 산호초가 발달하기도 하고 플랑크톤의 사체가 쌓이기도 하는 등 다양한 퇴적물이 판 위에 실리고 섬 자체도 판 위로 올라갑니다. 그리고 해양판이 대륙판 아래로 들어갈 때 그때까지 싣고 있던 것들을 남겨두고 갑니다. 그럼 섬과 퇴적물이 강한 압력에 눌리면서 차곡차곡 쌓이게 되겠죠. 이것을 부가체라고 부릅니다. 이 부가체가 일본열도가 되었다는 것이 판구조론의 설명입니다.

이 설명이 맞는지 틀린지는 여기서 논하지 않겠습니다. 그러나 앞에서 살펴본 지향사 조산론처럼 원인불명의 과정은 포함하고 있지 않습니다. 따라서 판구조론에 의한 일본열도 형성론이 지향사 조산론에 비해 적어도 한 가지 점에서는 더 나은 이론이라고 할 수 있습니다.

더 좋은 가설의 기준 ②에 관해 또 한 가지 중요한 점은 정체불명의 요소를 '가능하면' 포함하지 않는다고 표현하고 있다는 점입니다. 정체불명의 요소를 포함하지 않는 것보다 더 좋을 수는 없지만, 포함하고 있다고 해도 이론으로서 당장 불합격이라는 뜻은 아닙니다.

한 예로 유전학에서는 20세기 초반부터 중반까지 유전자를 '가정'한 채 유전현상을 설명했습니다. 유전자는 멘델의 법칙에 따리 부모로부터 자녀에게 전달되는데, 자녀의 형질을 결정하는 무언가가 분명 있지만 그 정체는 밝혀지지 않았습니다. 유전자의 정체가 DNA라는 고분자임이 밝혀진 것은 20세기 중반이었습니다. 그전까지 유전학은 정체불명의 것을 포함하고 있었지만 나름대로 좋은 이론이었던 것입니다. 알려져 있는, 실로 다양한 유전 패턴을 유전자를 가정함으로써 통일적으로 설명하고 예측할 수 있었기 때문입니다. 이것이 더 좋은 가설의 기준 ③과 관련이 있습니다.

다양한 현상을 설명할 수 있는 이론

더 좋은 이론의 세 번째 기준은 '이미 알고 있는 것보다 다양한 현상을 되도록 많이, 되도록 같은 방법으로 설명해준다'는 것입니다. 이 역시 판구조론을 예로 생각해봅시다.

대륙이동설이라는 이론을 알고 있나요? 대륙이동설은 1912년 독일의 지구물리학자 알프레트 베게너Alfred Wegener가 발표한 가설입니다. 대륙이동설은 고생대에서 중생대까지 대륙은 하나였고, 그것이 공룡시대 말기 무렵에 분열하고 이동하여 현재와 같은 대륙 분포가 되었다는 설이죠.

그림 2-8을 보세요. 베게너는 남미의 오른쪽 위 해안선과 아프리카의 왼쪽 아래 해안선이 퍼즐처럼 깔끔하게 딱 들어맞는다는 사실에 착안해 대륙이동설을 생각해냈습니다. 다만 베게너의 대

그림 2-8 베게너의 대륙이동설의 증거

륙이동설은 사변적인 아이디어에 불과해 왜 대륙이 이동하는가는 설명하지 못했습니다. 베게너는 대륙 이동의 원인으로 조수간만의 차를 발생시키는 조석력, 지구의 자전과 그 원심력 등을 가정해 보았지만, 설득력 있는 설명은 내놓지 못했습니다.

시간이 흘러 1929년이 되면 맨틀 대류라는 개념이 나타납니다. 지구의 가장 바깥쪽에 있는 지각과 중심부에 있는 핵 사이를 맨틀이라고 부르는데, 온도가 높아지면 맨틀이 상승하고 그 자리에 다시 온도가 낮아진 맨틀이 흘러들어가면서 맨틀 대류 현상이 나타난다는 것입니다. 그리고 이 맨틀 대류가 대륙을 조각내 움직이게 만드는 원동력일 것이라는 주장이 1929년 발표되면서 그에 따라 대륙이동설도 부활합니다. 그리고 1968년 판구조론이라는 이론으로 집대성되죠.

판구조론은 지구의 표면은 여러 장의 판으로 나뉘어 각각의 판이 특정한 방식으로 움직이고 있다고 말합니다. 이들 판의 움직임에 따라 다양한 지구과학 현상을 설명하죠.

이쯤에서 더 좋은 가설 기준 ③으로 돌아가봅시다. 판구조론은 앞서 말한 지향사 조산론과 그 밖의 지구물리학 이론과 비교해 더 나은 이론입니다. 왜냐하면 다양한 현상을 판의 이동이라는 하나의 요소로 설명해주기 때문입니다.

먼저 판구조론은 베게너가 대륙이동설을 생각해낸 근거, 즉 대륙이 왜 퍼즐처럼 깔끔하게 맞아떨어지는 모양이 되었는가를 설명해줍니다. 또 화석의 분포도 설명해줍니다. 한 예로 고생대 페름기에 서식하던 메소사우루스라는 생물의 화석은 남미와 남아프리카에서 출토되고 있습니다. 똑같이 시노그나투스라는 포유류 형태의 파충류도 남미와 남아프리카에서 화석이 발견되고 있고요.

남미와 남아프리카는 현재는 아주 멀리 떨어져 있습니다. 그런데 왜 그렇게 멀리 떨어진 곳에서 같은 생물의 화석이 발견되는 걸까요. 옛날에는 대륙이 연결되어 있었다고 보면 설명이 됩니다. 즉 판구조론은 왜 대륙의 해안선 모양이 일치하는가, 왜 멀리 떨어진 지역에서 같은 화석이 발견되는가 하는 의문들을 설명해줍니다.

나아가 이런 현상도 있습니다. 화산에서 분출한 마그마는 냉각되어 굳어질 때 자화磁化됩니다. 그러면 마그마가 굳어져 만들어진 암석 안에 굳을 당시의 지구 자기장의 방향, 즉 어느 쪽이 N극이고 어느 쪽이 S극인가 하는 정보가 기억됩니다. 이것을 '지자기地磁氣'라고 부릅니다. 해저의 오래된 지구 자기장을 조사해 본 결과 현재 N극과 S극이 역전되어 있다는 사실이 밝혀졌습니다. 말하자면 현재는 북극이 S극이고 남극이 N극이지만, 이 N극과 S극이 수십만 년에 한 번씩 뒤집혀 북극이 N극, 남극이 S극이 된다는 거죠. 또 시간이 지나면 다시 역전된다는 뜻이기도 합니다.

이제 그림 2-9를 보겠습니다. 해저의 암석을 조사해보니 놀랍게도 그림과 같이 해저산맥(중앙해령)을 사이에 두고 N극과 S극의 방향이 좌우대칭인 줄무늬로 되어 있었습니다. 정기적으로 지구의 N극과 S극이 역전되기 때문에, 만들어진 암석에도 지구 자기장의 줄무늬가 생긴 것입니다. 암석 또한 산맥을 가운데 두고 좌우대칭 형태를 보입니다.

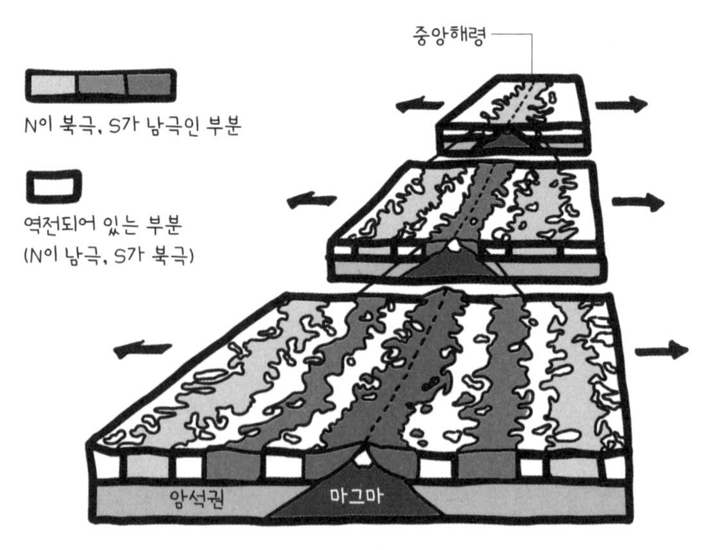

그림 2-9 좌우 대칭의 줄무늬

판구조론은 이 줄무늬의 수수께끼를 훌륭하게 설명할 수 있습니다. 태평양과 대서양의 한가운데에는 해저산맥이 있습니다. 그 중심에는 크게 갈라진 부분이 있고 그곳을 통해 마그마가 솟아나 새로운 지각이 만들어져 판이 됩니다. 그렇게 형성된 판이 중앙해령을 사이에 두고 서로 반대방향으로 움직이죠. 다시 말해 중앙해령을 사이에 두고 양쪽의 판이 끌어당겨지면 그때 암반도 함께 양쪽으로 움직이므로 거기에 기록된 지구 자기장도 좌우 대칭의 줄무늬가 되는 것입니다.

마지막으로 또 한 가지 변환단층이라는 현상도 판구조론이라면 시원하게 설명할 수 있습니다.

변환단층은 지면이 옆으로 어긋난 단층의 일종입니다. 그림 2-10은 대서양의 해저산맥입니다. 그림자와 세로로 표시된 이중선이 산맥을 나타냅니다. 이 산맥에서 새로운 해저가 탄생하는 겁니다. 그런데 자세히 보면 이 산맥은 깨끗하게 연결되어 있지 않습니다. 산맥이 어긋나 지그재그 모양을 하고 있죠. 이 어긋난 부분

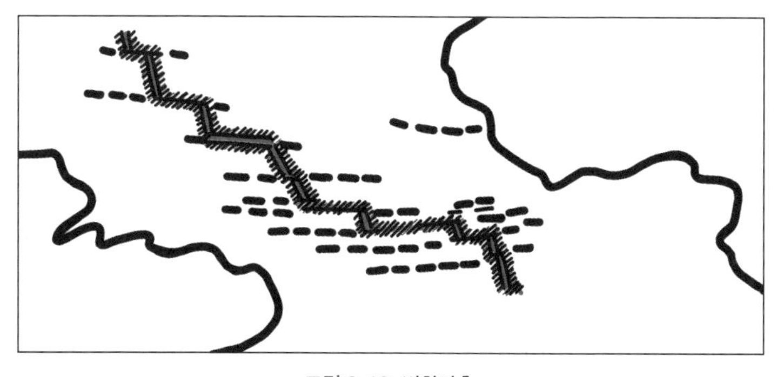

그림 2-10 변환단층

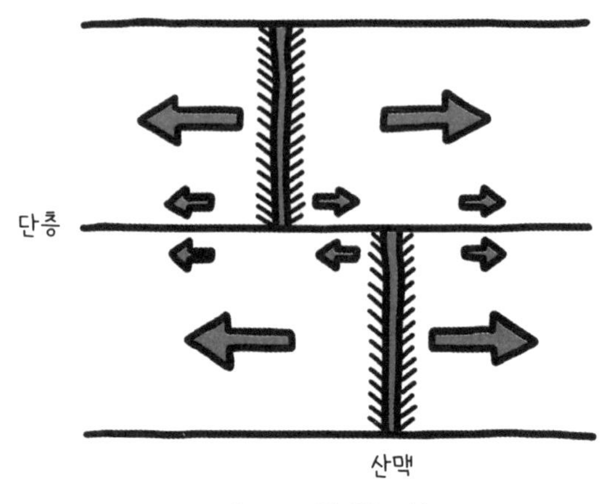

그림 2-11 변환단층 모식도

을 모식도로 그린 것이 그림 2-11입니다.

두 개의 산맥이 있고 거기서부터 해저가 펼쳐지고 있습니다. 화살표는 움직임의 방향입니다. 보통 옆으로 어긋난 단층이라면 단층의 어느 부분에서든 단층을 가운데 두고 화살표 방향은 서로 반대가 되어야 합니다. 그러나 이 모식도에서는 어긋난 단층이 일반적으로 그렇듯 서로 반대로 향하고 있는 와중에 양쪽 끝부분을 보면 같은 방향으로 움직이는 곳이 있습니다. 이런 단층을 변환단층이라고 부릅니다.

어긋난 단층인데도 왜 같은 방향으로 향하는 곳이 있을까요? 이 현상도 산맥으로부터 새로운 해저가 생겨나 이동한다는 판구조론으로 생각하면 설명이 가능합니다.

판구조론은 왜 좋은 이론일까

설명이 길어졌습니다. 더 좋은 가설의 기준 ③을 다시 한 번 떠올려볼까요? '이미 알고 있는 것보다 많은 현상을 되도록 많이, 되도록 같은 방법으로 설명해준다.' 강조하고 싶은 것은 판구조론은 이 기준을 만족시키는 이론이라는 점입니다.

왜 대륙 해안선의 모양은 딱 들어맞는가, 고생물 화석은 왜 서로 멀리 떨어진 대륙에서 발견되는가, 바다 밑 지구 자기장은 왜 좌우 대칭의 줄무늬를 남겼는가, 변환단층은 왜 생성됐는가, 일본 열도는 어떻게 생겨났는가. 판구조론은 이러한 각기 다른 많은 현상을 한꺼번에 통일적으로 설명해줍니다. 그런 의미에서 판구조론은 매우 좋은 이론인 셈입니다.

43쪽에 제시한 기준에 따라 과학은 더 좋은 이론을 찾아가게 됩니다. 중요한 점은 더 좋은 이론인지 아닌지는 '비교의 문제' 또는 '정도의 문제'라는 사실입니다. A 이론보다는 B 이론이 조금 더 낫다. 하지만 다음의 C 이론은 훨씬 좋다. 이런 방식으로 과학은 앞으로 나아갑니다. 그렇기 때문에 아무리 시간이 흘러도 가설로 남아 있는 셈이고, 한편으로는 진리에 도달했는지 알 수 없더라도 진보하고 있음은 확실합니다. 더 다양한 예측을 내놓을 수 있게 되고 애드혹의 요소가 줄어들죠. 더 많은 현상을 통일적으로 설명할 수 있는 방향으로 꾸준히 진보하고 있는 것입니다.

과학을 제대로 이야기하기 위한 연습문제 | 2

생물은 왜 진화하는가에 대한 다음의 설명을 생각해봅시다.

어느 섬에는 나무의 열매를 주식으로 하는 새가 살고 있다. 이 섬은 상당히 긴 시간(몇 세대 정도)에 걸쳐 가뭄에 시달렸던 적이 있다. 가뭄 전후로 이 새의 부리를 조사해보았더니, 가뭄 전에 비해 새의 부리가 평균적으로 커졌다는 사실을 알 수 있었다.

이 결과에 다음의 두 설명이 제시되었다고 해봅시다. 어느 쪽 설명이 더 좋은 설명일까요? 그 이유는 무엇일까요?

① 가뭄으로 딱딱한 열매가 늘어났기 때문에 딱딱한 열매를 먹기 위해서 새의 부리가 커졌다.

② 가뭄으로 딱딱한 열매가 늘어났기 때문에 딱딱한 열매를 먹을 수 있는, 부리가 큰 새가 살아남아 자손을 남기기 쉬워져 새의 부리가 커졌다.

2장에서 이것만은 알아두자!

- 과학은 조금이라도 좋은 가설과 이론을 추구함으로써 진보한다.
- 여기서 사용되는 더 좋은 가설과 이론의 기준은 대략 다음의 세 가지로 간추릴 수 있다.
  ① 더 많은 참신한 예측을 내놓고 그것을 적중시킬 수 있다.
  ② 애드혹(임시방편) 가정과 정체불명·원인불명의 요소를 가능하면 포함하지 않는다.
  ③ 이미 알고 있는 것보다 다양한 현상을 되도록 많이, 되도록 같은 방법으로 설명해준다.

3장

운석과 공룡을 연결하면 어떤 이야기가 될까?

설명한다는 것

우리는 과학자와 과학에 무엇을 기대할까요? 몇 가지가 있겠지만 그 중 하나로 '예측'을 꼽을 수 있습니다. 다음 대지진이 일어날 시기를 예측할 수 있다면 매우 고마운 일이겠죠. 과학자들이라면 할 수 있지 않을까, 또는 그게 가능한 사람들이 과학자가 아닐까라고 사람들은 생각합니다. 또 하나는 '기술적 응용'입니다. 과학은 자동차, 텔레비전, 컴퓨터 등 다양한 기계를 탄생시켜왔습니다. 그 덕택에 생활이 편리해지고 불가능했던 일이 가능해지기도 했습니다. 이런 과학의 기술적 응용에도 우리는 기대를 하고 있죠.

그리고 이제부터 이야기할 '설명하기'도 과학에 기대하는 중요한 기능입니다. 지진은 어떻게 일어나는가, 어째서 일식이 일어나 태양이 보이지 않게 되는 걸까. 우리는 과학이 이런 현상을 설명해주기를 바랍니다.

그럼 설명한다는 것은 본래 어떤 행위인지 잠시 생각해봅시다. 중요한 건 설명하기의 패턴이 하나가 아니라는 점입니다. 설명에는 적어도 세 가지 패턴이 있다고 봅니다. 더 있을 수도 있지만, 이 책에서는 설명하기의 세 패턴에 대해 알아봅시다.

설명하기의 첫 번째 패턴: 원인을 규명하기

설명하기의 첫 번째 패턴은 원인을 규명하여 밝혀내는 것입니다. 여기서 반드시 기억해야 할 용어가 '피설명항'입니다. 피설명항은 설명되어야 하는 현상, 설명해주었으면 하는 궁금증을 말합니다. '공룡은 왜 멸종했는가', '지진은 왜 일어나는가', '광우병은 왜 발생했는가'. 이러한 것을 피설명항이라 하고 그 내용을 설명하는 것을 '설명항'이라고 합니다.

방금 '왜'가 들어가는 질문 세 가지를 열거했죠? 이 질문에 대한 답을 설명하는 것이 곧 그 원인을 규명하는 것입니다. 다시 말해 원인을 밝히는 것이 그대로 설명이 되는 거죠. '거대한 운석이 떨어진 사건이 아마도 공룡이 멸종한 원인일 것이다'라든가 '판이 가라앉은 반동으로 위에 올라가 있던 판이 크게 반발하여 원래대로 돌아가려는 움직임이 지진의 원인이다'라든가 '광우병의 원인은 프리온이라는 단백질이다'라는 식으로 원인을 밝히는 것이 설명하기의 패턴 가운데 하나입니다.

이 첫 번째 패턴 역시 진보합니다. 점점 좋은 설명이 된다는 뜻이죠. 그런데 좋은 설명이 된다는 것에도 두 방향이 있습니다. 한 방향은 어떤 현상의 원인이 밝혀지면 거기서 멈추는 것이 아니라 그 원인의 원인을 밝히는 것, 다시 말해 원인을 더 파헤치는 것입니다. 또 다른 방향은 처음에 생각한 원인과 결과 사이에 더 세부적인 원인과 결과를 채워가는 것입니다. 예를 들어 이런 것입니다. 운석이 떨어졌다고 가정해봅시다.

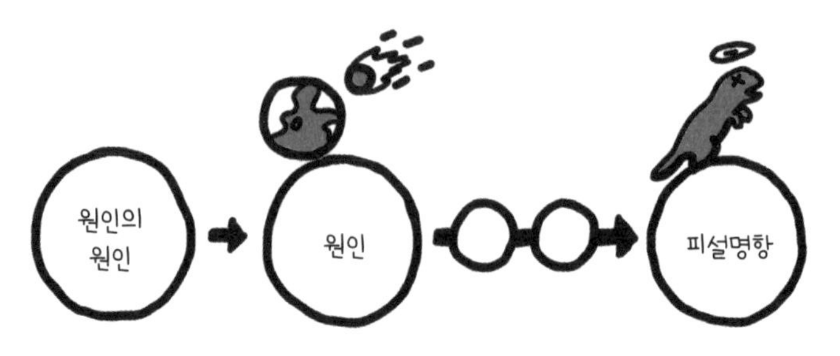

그림 3-1 점점 더 좋아지는 '인과적 설명'

운석이 떨어져 거대한 지진해일이 일어남과 동시에 대량의 분진이 대기권에 뿌려졌고 그것이 태양빛을 차단했다. 이로 인해 긴 시간 동안 지상에 빛이 들지 않게 되자 처음엔 식물이 자라지 않게 되었다. 그다음 식물을 먹는 공룡이 죽고 그 공룡을 먹는 육식공룡이 죽었다. 그렇게 공룡은 멸종했다.

이렇게 '거대한 운석이 떨어졌다'와 '공룡이 멸종했다' 사이를 많은 원인과 결과로 연결하는 것입니다.

결국 이 두 방향에서 모두 인과적 설명은 점점 더 좋아집니다(그림 3-1).

설명하기의 두 번째 패턴: 일반적인 것에서 특수한 것 도출하기

두 번째 패턴으로 넘어가봅시다. 여기서 과학사 문제를 하나 내볼까요? 너무나 잘 알려진 과학자 뉴턴을 두고 사람들은 매우 훌륭한 과학자라고 이야기합니다. 그런데 어떤 부분이 훌륭한가요? 한번 생각해봅시다.

뉴턴은 아주 유명해서 가끔 강의실에서 학생들에게 알고 있는 과학자의 이름을 아는 대로 써보라고 설문조사를 하면 대개 1위는 뉴턴입니다. 그다음으로는 다윈 아니면 아인슈타인이고요. 그만큼 뉴턴은 잘 알려져 있죠.

이제 처음의 문제로 돌아가봅시다. 뉴턴은 무엇을 했기에 훌륭합니까? 이렇게 물으면 대부분의 사람들은 만유인력의 법칙을 발견했기 때문이라고 답합니다. 하지만 만유인력의 법칙 발견은 뉴턴이 세운 업적의 지극히 일부일 뿐입니다.

천상의 물리학을 세운 케플러

자, 뉴턴의 훌륭함은 어디에 있는가. 이것을 알려면 두 인물의 업적을 참고해야 합니다. 한 사람은 17세기 독일의 요하네스 케플러입니다. 케플러는 행성의 움직임에 관한 세 가지 법칙을 발견했습니다. 케플러의 스승인 덴마크의 천문학자 티코 브라헤Tycho Brahe가 가지고 있던 정밀한 관측 데이터를 바탕으로 발견한 것입니다.

첫 번째는 행성의 궤도는 원이 아니라 타원이라는 법칙입니다. 그전까지 사람들은 행성은 원 모양으로 운동한다고 믿었습니다. 지구가 중심에 있다고 생각한 사람도, 아니, 중심은 태양이라고 생각한 사람조차 원운동으로 행성의 운동을 설명하려고 했죠. 이에 대해 케플러는 행성의 궤도는 태양을 하나의 초점으로 삼는 타원 궤도라고 말했습니다.

그 다음은 제2법칙. 그림 3-2는 행성의 타원궤도를 그린 모식도입니다. 태양에 가까이 있을 때 행성의 속도가 빠릅니다. 그래서 그림에서 보듯이 태양과 가까운 쪽이 같은 시간당 이동거리가 깁니다. 태양과 멀리 떨어져 있을 때는 조금밖에 이동하지 못합니다. 이 결과로부터 케플러는 어떤 법칙을 발견했습니다. 그림 안에 색깔로 칠해 놓은 부분이 두 곳 있죠. 양쪽 모두 행성이 일정한 시간 동안 움직인 만큼의 두 점과 태양을 연결한 것입니다. 이 두 부채꼴의 면적이 같다는 것이 케플러의 두 번째 법칙입니다. 이를 정식으로 말하면 '행성과 태양을 잇는 선분이 같은 시간 동안 그리는 면적은 일정하다'가 되고, 이 법칙을 면적속도 일정법칙이라고 부릅니다.

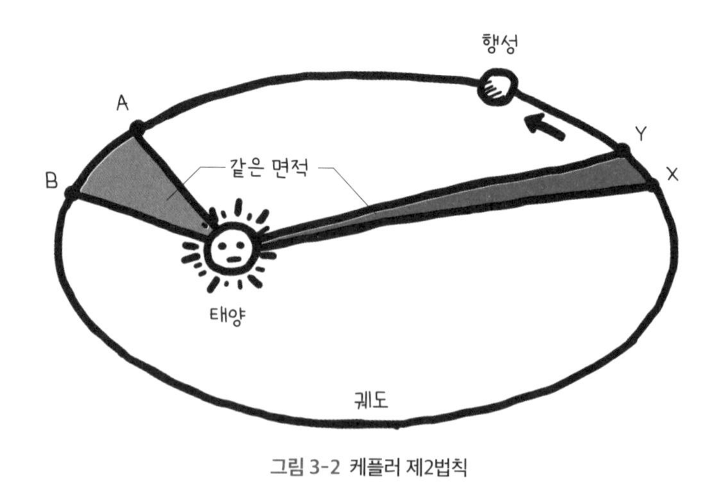

그림 3-2 케플러 제2법칙

다음은 제3법칙입니다. 과거 행성은 수, 금, 지, 화, 목, 토, 천, 해, 명이라 불렀지만, 오늘날 명왕성은 행성이 아니니 총 여덟 개가 되겠죠. 케플러는 이 여덟 개 혹은 아홉 개 행성의 움직임에서 다음과 같은 법칙을 발견했습니다.

각 행성의 긴반지름의 세제곱과 공전주기의 제곱의 비는 어떤 행성이든 일정하다.

우선 태양에서 그 행성까지의 거리를 잽니다. 그 거리(=긴반지름 a)의 세제곱과 행성이 태양을 한 바퀴 도는 데 걸리는 시간(=공전주기 P)의 제곱을 행성마다 계산합니다. 그리고 각각에 대해 공전주기의 제곱을 긴반지름의 세제곱으로 나눠보면 어느 행성이든 거의 같은 값이 나옵니다. 이것이 제3법칙입니다. 제3법칙이란 하

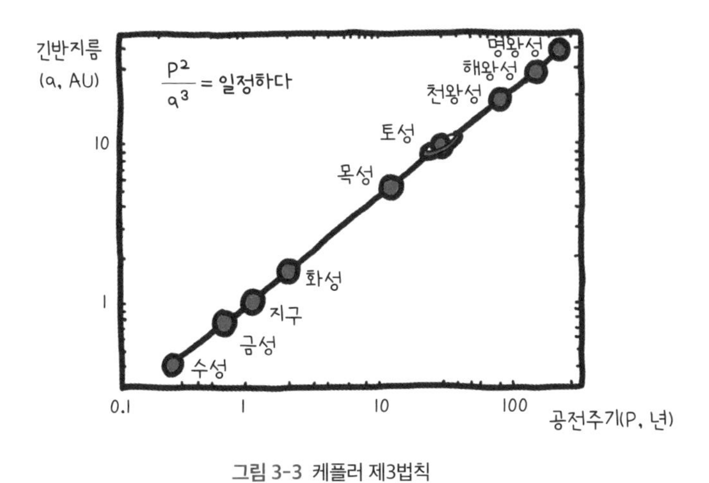

그림 3-3 케플러 제3법칙

나의 행성의 움직임에 관한 것이 아니라 다수의 행성에서 찾아볼 수 있는 공통적인 성질에 관한 것입니다(그림 3-3).

케플러의 업적을 한마디로 말하자면 행성의 운동을 지배하는 천체의 물리를 '법칙'이라는 형태로 깔끔하게 정리한 것이라고 할 수 있겠죠. 여기서는 케플러의 법칙을 '천상의 물리법칙'이라고 부르기로 합시다.

지상의 물리학을 세운 갈릴레이

뉴턴의 위대함에 대해 알아보기 전에 또 한 사람을 초대해볼까요? 바로 갈릴레오 갈릴레이입니다. 관성의 법칙을 발견한 사람이죠. 관성의 법칙이란 일정한 속도로 운동하는 물체는 외부에서 힘을 가하지 않으면 그 속도로 계속 움직인다는 법칙입니다.

갈릴레이는 이 법칙을 어떻게 발견했을까요? 여러 종류의 구球를 실제로 굴려보고 '오, 같은 속도로 움직이는군' 하고 관찰하면서 발견했을까요? 그렇지는 않았겠죠. 왜냐하면 관성의 법칙이라는 것은 마찰력이 영0인 이상적인 조건에서의 이야기인데다, 구가 멈추지 않고 계속해서 굴러가는 것을 본 사람은 이 세상에 한 사람도 없을 테니까요. 이 세계에서는 구를 굴려도 마찰로 인해 멈춰버리기 때문에 관성의 법칙이 관찰만으로 발견되었을 리는 없습니다.

자, 그럼 어떻게 발견했을까요? 갈릴레이는 관찰이 아니라 사고실험을 이용했습니다. 머릿속으로 이런 실험을 했죠. 그림 3-4처럼 어떤 장소에 공이 있고 그 공을 경사면으로 굴리면 힘이 붙어 시작 지점과 같은 높이의 반대편 비탈까지 올라갑니다. 그다음 한쪽 경사면을 조금 완만하게 만든 곳에 공을 굴리면 어떻게 될까요? 역시 같은 높이까지 올라가겠죠. 이렇게 한쪽 경사면을 점점 완만하게 만들어도 공은 시작 지점과 같은 높이까지 올라갈 겁니다. 그럼 완전히 평평하게 만들면 어떻게 될까요? 똑같은 높이가 될 때까지 계속 움직일 것이고 따라서 멈추지 않고 운동하게 되겠죠. 머릿속에서 실시한 이런 실험으로 갈릴레이는 관성의 법칙을 발견했습니다.

사고실험은 상당히 중요합니다. 아인슈타인이 상대성이론을 연구하기 시작했을 때도 핵심적인 대목에서 사고실험을 도입했습니다. 실험이라고 해서 반드시 손을 움직여 실제 현상을 일으키는 것만을 의미하지는 않습니다.

갈릴레이가 발견한 법칙에는 또 하나, 낙체법칙이 유명합니다.

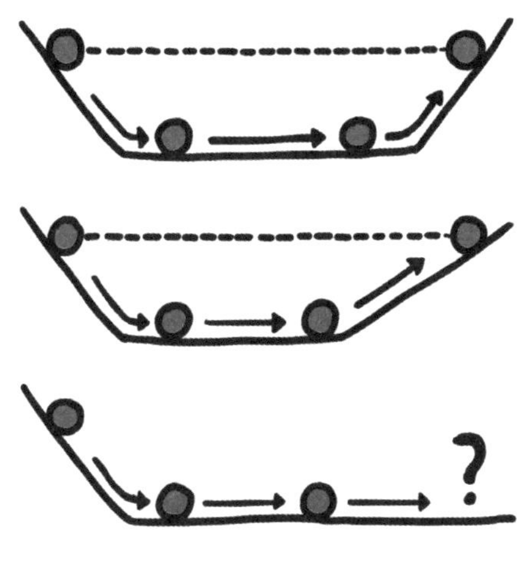

그림 3-4 갈릴레이의 사고실험

낙하거리는 낙하시간의 제곱에 비례한다는 법칙입니다. 공을 손에 들고 있다가 지면을 향해 떨어뜨립니다. 그러면 떨어지는 속도가 낙하시간에 비례해 점점 빨라집니다. 이것이 등가속운동이죠. 등가속도란 빨라지는 비율이 일정하다는 뜻입니다.

등가속도운동에서 낙하거리는 낙하시간의 제곱에 비례합니다. 이것은 그림 3-5를 보면 쉽게 알 수 있습니다. 가로축의 t는 시간, 세로축의 v는 속도입니다. 예를 들어 떨어지는 시간이 두 배가 되면 속도도 두 배가 되겠죠. 이때 시간×속도=거리이므로 삼각형의 면적(시간×속도×1/2)의 비는 떨어지는 거리의 비가 됩니다.

만약 시간의 단위를 1초로 한다면 처음 1초 동안에는 삼각형 한 개분의 거리만큼만 떨어집니다. 2초 동안은 네 개만큼 떨어집니다(그림에서 파란색 삼각형 세 개, 흰색 삼각형 한 개). 3초 동안은

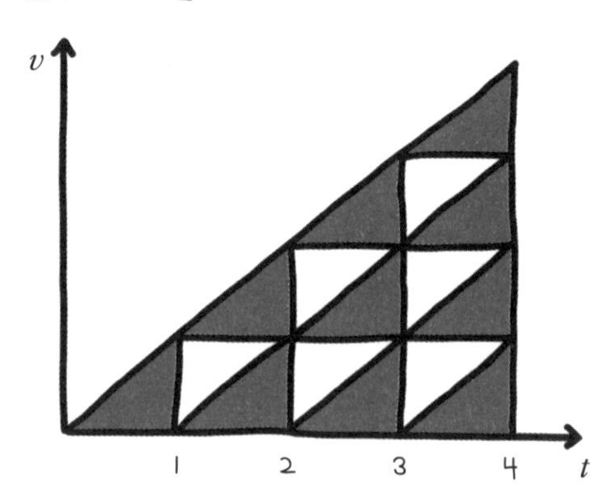

그림 3-5 낙하거리는 낙하시간의 제곱에 비례한다

아홉 개만큼 떨어지겠죠? 즉 낙하거리는 낙하시간의 제곱에 비례함을 알 수 있습니다.

갈릴레이는 어떻게 이 법칙을 발견했을까요? 아마 물체를 떨어뜨리면 떨어지는 속도가 빨라진다는 사실은 알고 있었을 것입니다. 이제 어떻게 빨라지는지가 문제입니다. 직선 방향으로 떨어지며 점점 빨라진다고 생각하는 것이 가장 자연스러울 텐데요. 만약 그렇다면 어떤 설명이 가능할까요?

단위시간당 낙하거리는 1, 3, 5, 7……처럼 홀수가 이어진다.

다시 한 번 그림 3-5를 보시기 바랍니다. 처음 1초간은 삼각형 한 개분의 거리만큼만 떨어집니다. 다음 1초간은 세 개만큼 떨어집니다. 그다음 1초간은 다섯 개만큼 떨어지고요. 그러므로 1초마다 떨어지는 거리는 1, 3, 5, 7…… 이런 식으로 홀수가 나올 것이라고 예측했습니다.

이렇게 가설을 세운 갈릴레이는 다음과 같은 실험을 했습니다. 무거운 금속 구를 굴릴 경사면을 만들고 거리로 봤을 때 1에 해당하는 곳에 홈을 팠습니다. 다음은 거기서부터 3인 곳에, 그다음은 거기서부터 5인 곳에, 또 그다음은 거기서부터 7인 곳에 홈을 파서 구가 통과할 때 소리가 나도록 장치했습니다.

실제로 무거운 금속 구를 굴리면 각각의 홈을 통과할 때 들리는 소리는 똑같은 간격으로 들립니다. 이 실험결과로 갈릴레이는 낙체법칙을 발견한 것입니다.

천상과 지상의 물리학을 통합한 뉴턴

상당히 먼 길을 돌아왔습니다. 이제 드디어 뉴턴으로 돌아갑니다. 앞에서 뉴턴의 어떤 점이 위대한가 하고 물어봤었죠? 뉴턴의 주요 저서는 《Philosophiae Naturalis Principia Mathematica》입니다. 번역하면 '자연철학의 수학적 원리'가 되지만 간단히 '프린키피아Principia'라고 쓰는 경우도 있습니다.

Philosophiae Naturalis는 자연철학을 가리킵니다. 뉴턴이 살던 17세기에는 '사이언스science'라는 말은 쓰지 않았습니다. 인간의 지식 전체를 아울러 말하는 scientia라는 라틴어는 있었지만, 지금 우리가 과학이라 부르는 것은 scientia라고 하기보다 라틴어로 Philosophiae Naturalis, 영어로 하면 natural philosophy라고 부르는 것이 일반적이었습니다.

조금 더 자세히 보면 지금 우리가 과학이라고 부르는 것을 당시에는 natural philosophy와 natural history로 나눠서 다루었습니다. natural philosophy는 본격적이지는 않지만 원리적인 연구를 말하며, 자연계는 어떤 법칙으로 움직이는가를 탐구합니다. 한편 natural history는 자연계에서 볼 수 있는 동식물과 광물을 수집하고 분류해서 그 특징 등을 상세하게 기록하는 학문입니다. 지금으로 말하자면 박물학이죠.

다시 옆길로 새고 말았네요. 이제 뉴턴이 주요 저서인 《프린키피아》에서 무엇을 했는지를 설명하겠습니다. 조금 전 케플러의 세 가지 법칙을 설명했죠. 이것을 우리는 천상의 물리법칙이라고 불렀습니다. 다음으로 갈릴레이의 법칙을 설명했습니다. 관성의 법칙과 낙체 법칙은 지구상에서 관찰되는 운동의 법칙, 지상의 물리 법칙입니다.

뉴턴의 시대까지 이 두 법칙은 별개로 여겨졌습니다. 사실 그 편이 자연스럽다는 생각이 들기도 합니다. 둘은 전혀 다른 운동을 하니까요. 지구에서 보면 하늘의 별들은 원을 그리며 움직이고 있습니다. 타원운동을 하는 것처럼 보이지 않습니다. 행성은 때로 뒤로 가기도 하지만 별은 같은 속도로 원운동을 하고 있는데다 멈추지도 않고 계속해서 돌고 있습니다.

이에 비해 지상의 운동은 위에서 물체를 떨어뜨리면 곧바로 떨어져 지면에서 멈춥니다. 지면에서 공을 굴려도 똑바로 굴러가다 멈추죠. 즉 지상의 운동은 직선운동을 하고 언젠가는 멈춥니다.

일상의 눈으로 보면 하늘의 운동과 지상의 운동은 이만큼이나 다릅니다. 그래서 고대 그리스의 아리스토텔레스 시절부터 사람들은 '하늘의 운동법칙과 지상의 운동법칙은 별개다. 물리에는 두 종류가 있다'고 생각해왔습니다.

반복하자면 케플러는 하늘의 물리법칙을 정리했고 갈릴레이는 지상의 물리법칙을 정리했다고 볼 수 있습니다. 케플러도 갈릴레이도 뉴턴보다 조금 이른 시대의 사람들이죠. 그렇다면 뉴턴은 무슨 일을 했을까요? 먼저, 만유인력의 법칙을 발견합니다. 만유인력은 질량과 질량이 서로 끌어당기는 힘입니다. 그 힘은 두 질량의 곱에 비례하고 둘 사이의 거리의 제곱에 반비례합니다. 뉴턴의 업적 중 또 하나 유명한 것은 운동법칙(운동방정식)입니다. 힘은 질량에 가속도를 곱한 것이죠. 그런데 이 법칙을 발견한 것은 뉴턴의 위대함의 일부에 지나지 않습니다.

뉴턴의 위대함은 이 두 법칙으로부터 케플러의 법칙과 갈릴레이의 법칙이 도출된다는 사실을 증명한 것입니다. 모든 사람들이 천상과 지상은 다른 원리에 기반해 움직인다고 생각하고 있을 때 뉴턴은 만유인력의 법칙과 운동법칙으로부터 각각 천상과 지상의 운동을 설명한 두 원리를 도출할 수 있다는 사실을 보여주었던 것입니다. 이렇게 해서 그는 《프린키피아》에서 천상의 물리와 지상의 물리를 통합했습니다. 그런 뜻에서 뉴턴이 《프린키피아》에서 성취한 업적을 '뉴턴의 통합Newtonian Synthesis'이라고 부릅니다(그림 3-6).

뉴턴의 업적을 길게 설명했습니다. 뉴턴의 통합이야말로 설명하기의 두 번째 패턴에 가장 전형적인 사례이기 때문입니다. 더 기본적인 법칙이 있고, 케플러의 법칙과 갈릴레이의 법칙은 그 기

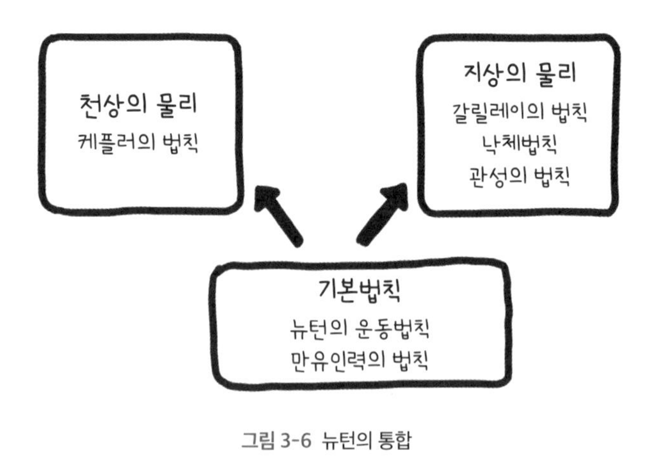

그림 3-6 뉴턴의 통합

본법칙의 특수한 케이스였습니다. 뉴턴이 발견한 일반적·보편적인 이론으로부터 케플러의 법칙과 갈릴레이의 법칙이라는 특수한 이론과 가설을 도출할 수 있는 것처럼 '더 기본적인 이론이나 가설로부터 특수한 이론과 가설을 도출하는 것'이 설명하기의 두 번째 패턴입니다.

설명하기의 세 번째 패턴: 정체를 규명하기

설명하기의 세 번째 패턴은 여러분에게는 익숙하지 않을 수 있지만 과학에서는 매우 자주 볼 수 있습니다.

물이 H_2O인 것은 아시죠. 물 분자는 수소원자[H] 두 개와 산소원자[O] 한 개로 되어 있습니다. 물은 화학적으로는 매우 특이한 성질을 지닌 물질입니다. 고체가 액체로 변하는 온도인 녹는점과 액체가 기체로 변하는 온도인 끓는점이 매우 높죠. 1기압에서 녹는점은 섭씨 0도이고 끓는점은 100도입니다. 이는 비슷한 무게의 다른 물질과 비교하면 모두 아주 높은 것입니다.

산소의 원자량이 16, 수소의 원자량이 1이므로 H_2O의 분자량은 18입니다. 일반적으로 물질은 무거워질수록 녹는점도 끓는점도 높아집니다. 즉 분자량이 큰 물질은 잘 녹지 않고 잘 끓지도 않습니다.

여기서 물을 메테인과 비교해보겠습니다. 메테인은 CH_4로 분자량은 16입니다. 물과 별로 차이가 없습니다. 그런데 메테인의 끓는점은 약 섭씨 영하 160도, 녹는점은 약 영하 180도입니다. 상온에서는 기체이고 액체로 만들려면 온도를 영하 160도 아래로 낮춰야 한다는 뜻이죠. 또 고체로 만들려면 영하 180도보다 더 낮아야 한다는 얘기입니다. 이런 메테인과 비교하면 물의 끓는점과 녹는점은 터무니없을 만큼 높습니다. 물에는 그밖에도 몇몇 신기한 성질이 더 있지만 이 점이 제일 특이한 것 같습니다.

그럼 물은 어떻게 이런 성질을 가지고 있는 걸까요? 이렇게 설명할 수 있습니다.

그림 3-7의 왼쪽이 물 분자모델, 오른쪽이 메테인의 분자모델입니다. 메테인과 비교하면 물은 대칭성이 낮은 형태를 띠고 있습니다. 수소원자에 비해 산소원자는 전자를 잘 끌어당기므로 수소 주변을 돌고 있는 전자는 산소의 원자핵 쪽으로 가까이 당겨져 있습니다. 산소는 자신의 전자뿐만 아니라 수소가 가지고 있는 전자까지 끌어당깁니다. 전자는 음전하를 띠고 있으므로 여기서 물은

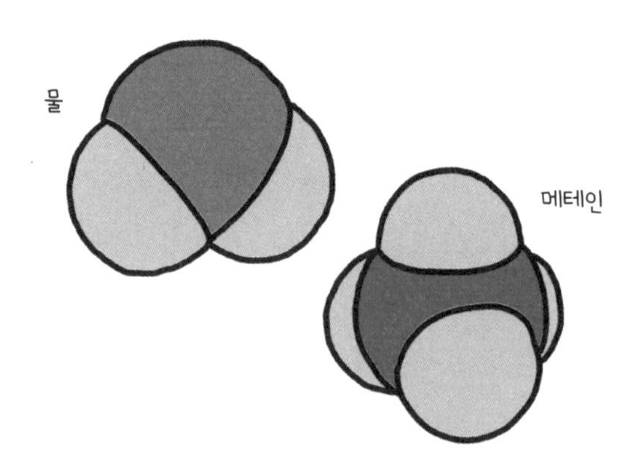

그림 3-7 물과 메테인의 분자모델

산소원자 쪽이 음전하, 수소원자 쪽이 양전하를 띠게 됩니다. 이런 상태를 전기쌍극자라고 합니다.

따라서 물 분자들은 자석처럼 서로 줄다리기를 합니다(그림 3-8). 양전하 부분과 음전하 부분에서 서로를 끌어당기는 것이죠. 이것을 수소결합이라고 합니다.

자 이제 끓는다는 것은 어떤 현상인지 생각해봅시다. 끓는 것은 액체 안에서 분자들이 자유로워져 공기 중으로 나오는 현상입니다. 그런데 물은 수소결합이라는 형태로 서로 사이좋게 손을 잡고 있기 때문에 자유로워지기가 어렵습니다. 잡고 있는 손을 놓고 밖으로 나가려면 여분의 에너지, 즉 다량의 열을 가해야 합니다. 그래서 끓는점이 높은 것이죠.

지금까지 물의 끓는점이 왜 높은지 설명했습니다. 이것은 어떤 '설명하기'에 해당할까요? 물의 끓는점이 높은 것은 눈에 보이는

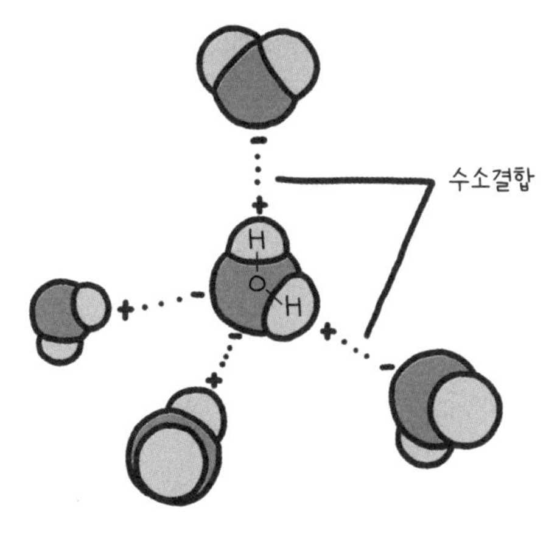

그림 3-8 물의 수소결합

거시적인 성질입니다. 보면 알 수 있습니다. 이 현상을 우리는 물의 정체를 밝히는 방법으로 설명했습니다. H_2O라는 물의 분자구조는 전기쌍극자로 되어 있고 물 분자끼리는 수소결합을 하고 있죠. 이렇게 물의 정체를 규명함으로써 물의 미시적 정체가 어떻게 거시적 성질에 나타나는지 설명했습니다.

이 방법을 '정체 규명을 통한 설명'이라고 부르도록 합시다. 여기서 주의해야 할 점은 정체 규명이란 원인과 결과의 규명이 아니라는 것입니다. 원인과 결과는 별개의 사건이어야 합니다. 운석이 떨어진 것과 공룡이 멸종한 것은 별개의 사건입니다. 한편 정체를 규명하는 설명은 같은 사건을 다룹니다. 같은 사건을 미시적으로 볼 때와 거시적으로 볼 때의 차이를 말하고 있는 것입니다.

세 가지 설명하기 패턴의 공통점

여기까지의 내용을 정리해봅시다. 과학적인 '설명'에는 세 가지 패턴이 있다고 했죠?

① 원인을 규명하기
② 일반적·보편적인 가설이나 이론에서 좀더 특수한 가설이나 이론을 도출하기
③ 정체를 규명하기

이 세 가지 설명에 공통점이 있을까요? 우선 피설명항이 있죠. 공룡은 왜 멸종했는가, 케플러의 법칙은 왜 성립하는가, 물은 왜 끓는점이 터무니없이 높은가가 바로 설명되어야 하는 피설명항입니다.

한편으로 이렇게 생각해볼 수 있습니다. 원인을 지적하는 설명이 있습니다. 이것은 설명항과 피설명항을 인과관계로 묶고 있습니다. 또 보편적인 원리를 도출하여 거기서부터 특수한 원리를 도출하는 설명도 있습니다. 이것은 설명항과 피설명항을 '논리로 이끌어낼 수 있는' 관계로 만들어줍니다. 그리고 미시적 정체를 규명함으로써 '이것의 거시적 성질은 이 미시적 정체의 성질이 드러난 것이다'라고 설명할 수도 있죠. 이 경우 설명항과 피설명항은 같은 물질이 어떻게 다른 현상으로 나타나는지를 설명하며 이어집니다.

이처럼 설명하기의 세 패턴은 각각 다르지만 우리는 이것을 '설명하는' 관계라고 하나로 묶습니다. 그럼 여기서 또 어떤 공통점을 찾을 수 있을까요?

이렇게 생각해보죠. 세상에는 그 이상의 설명이 존재하지 않는, 다만 받아들일 수밖에 없는 일들이 있습니다. 그것을 bare facts(있는 그대로의 사실)◆라고 부릅니다. 더 이상의 설명은 없지만 '어쨌든 세상은 그렇게 되어 있구나' 하고 받아들일 수밖에 없는 사실을 말합니다. 세상에 '있는 그대로의 사실'이 많다는 것

◆ brute facts라고도 한다. 주어진 사실, 설명될 수 없는 사실 등으로 번역된다 _옮긴이

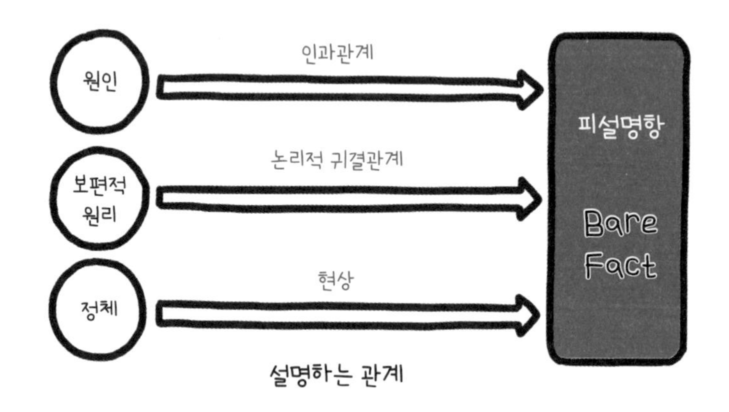

그림 3-9 세 패턴의 설명하기에서 공통점은 무엇일까?

은 설명할 수 없는 것이 많다는 얘기겠죠. 그러나 세 패턴의 설명하기 가운데 어느 패턴의 설명이라도 주어진다면 이 세상에서 있는 그대로의 사실은 줄어든다고 할 수 있습니다.

즉 설명이라는 행위 덕분에 '뭔지는 모르겠지만 세상이 그렇게 되어 있구나' 하고 우리가 그저 받아들여야 하는 종류의 일들이 조금씩 줄어든다는 것입니다. 그런 점에서 세 가지 설명에는 공통점이 있습니다. 거듭 말하지만 과학적인 설명이란 있는 그대로의 사실을 되도록 줄여가려는 행위입니다(그림 3-9). 물론 있는 그대로의 사실은 완전히 사라지지 않습니다. "케플러의 법칙은 왜 성립하는 거죠?"라는 질문에 "뉴턴의 법칙에서 나왔잖아요"라는 설명이 가능하다면 케플러의 법칙은 있는 그대로의 사실이 아닙니다. 그러나 "그럼 뉴턴의 법칙은 왜 성립하는 건데요?"라고 물으면 "음, 우주가 그렇게 만들어져 있기 때문이에요"라고 답할 수밖에 없습니다.

혹은 '우주는 어떻게 탄생했는가' 하는 주제에 대해서도 "시공의 특이점이라는 것이 인플레이션을 일으켰고 그때 발생한 에너지로 빅뱅이 일어나 지금의 우주가 되었습니다"라고 설명할 수 있습니다. 하지만 "그럼 시공의 특이점이라는, 우주의 씨앗 같은 건 왜 생긴 건데요?" 하고 물으면 "그냥 생긴 거죠"라고 말할 수밖에요.

그래서 있는 그대로의 사실은 완전히 사라지지 않습니다. 하지만 그것을 가능한 한 줄여나가며 우리가 알고 있는 것을 '설명'이라는 그물망으로 감싸 안는 동시에 '아무튼 그렇게 되어 있으니 방법이 없다'고 체념하듯 받아들여야 하는 사실을 되도록 줄이고자 노력하는 것이 과학적 설명이자 과학이라는 행위의 특징입니다.

과학 이념, 환원주의와 통일

알고 있는 사실을 설명의 세 가지 패턴으로 연결하고, 있는 그대로의 사실을 없애는 것이 과학의 목적이라고 할 수 있습니다. 하지만 '정체 규명을 통한 설명'은 특정 과학 분야의 경계를 뛰어넘는 일도 있습니다. 이 점에 주의해야 합니다.

예를 들면 생물학에서 유전현상을 설명하기 위해 도입된 유전자라는 개념은 왜 멘델의 법칙을 따르는 것처럼 보이는가 하고 묻는다면, 사실 유전자는 염색체 안에 있는 DNA라는 분자이며,

DNA의 행동이 유전자의 행동으로 추측되는 현상을 유발하고 있다고 설명할 수 있겠죠. 이때 설명항은 화학의 영역까지 뻗어 나와 있습니다. DNA는 왜 그런 행동을 보이는가 하고 묻는다면 최종적으로는 DNA의 분자구조를 설명하며 양자역학을 가져와 답하겠죠. 여기서 설명항은 물리학의 영역에 있습니다.

이처럼 거시적·미시적 정체를 규명하는 설명에 따라 이 세계의 사실을 연결해 나가다보면 생물학, 화학, 물리학이라는 서로 다른 계층을 세로로 연결하게 됩니다. 더 거시적인 상위 계층에서 밝혀진 사실이 더 미시적인 하위 계층에서 설명되겠죠. 우리가 알고 있는 모든 사실이 이처럼 하위 계층에서 설명될 수 있을지는 모르는 일입니다. 하지만 과학이 전반적으로 이러한 설명을 지향하고 있다는 것, 다시 말해 가능하면 정체 규명을 통한 설명으로 위아래에 있는 계층을 연결하고자 하는 방향으로 진보해왔다는 것은 분명합니다. 이러한 경향을 '환원주의'라고 말합니다. 환원주의가 옳은지, 환원주의로 어디까지 가능한지는 알 수 없지만 이것이 과학의 이념 중 하나라는 점은 틀림없습니다.

때로는 더 보편적인 법칙의 특수한 사례로 설명하면서 상하계층을 연결하기도 합니다. 왜냐하면 과학에서는 계층의 하부로 내려갈수록 더 보편적인 법칙을 포함하게 되기 때문입니다. 심리학은 마음을 가진 생물에 관한 법칙만 포함하지만, 생물학은 생물 일반에 관한 법칙을 포함하죠. 그리고 화학은 살아 있음의 여부와는 관계없이 물질 일반에 관한 법칙을 포함합니다.

하나의 계층 내부를 가로로 이어주는 이른바 인과관계의 설명,

그리고 이들 계층을 뛰어넘어 세로로 이어주는 설명을 각각 제시하면서 있는 그대로의 사실을 줄여나가다 보면, 궁극적으로 세계는 모든 사실이 서로 관련 있는 한 장의 그림처럼 될 것입니다. 과학의 각 분야가 이 한 장의 그림에서 저마다 한 구석씩 담당해 그 부분을 자세히 그리고 있는 이미지를 떠올려볼까요? 이것이 과학의 또 다른 이념인 '통일'입니다.

초심리학은 왜 과학이 될 수 없을까

염력 등 초자연현상◆ 연구를 표방하는 초超심리학이 과학의 동료가 될 수 없는 근본적인 이유는 바로 이 때문입니다. 초심리학에는 재현성이 없고, 엉성하고 애드혹한 설명이 너무 많다거나 실험만 하고 이론이 없다는 등의 다양한 비판이 있습니다. 물론 이런 비판은 많든 적든 일부 기존 과학에도 해당합니다.

문제는 초심리학이라는 분야 전체가 초자연현상이 존재한다는 것에 의존하고 있고, 그 존재를 입증하는 데 역점을 두고 있다는 점입니다. 그것이 왜 문제가 되냐 하면 초자연현상은 애초에 다음과 같이 정의되기 때문입니다.

◆ 초능력이나 심령형상 등과 같이 과학이나 논리로는 설명할 수 없는 현상을 말한다_옮긴이

물리적으로 가능한가 여부와 관련해 몇 가지 부분에서 일반적으로 인정되는 과학적 견해와 상반되는 현상을 가리킨다.

이 현상은 바로 그 정의 때문에 과학의 '통일'이라는 이념이 지향하는 '한 장의 그림'에 들어가지 못합니다. 아무리 엄밀하게 실험을 진행하여 이론을 구축한다고 해도 현재의 과학 전체가 그리고자 하는 그림 안에 있을 자리가 없는 현상, 지금까지 그려온 그림의 어떤 요소와도 연결되지 않는 현상을 다루는 것을 자신들의 정체성으로 삼고 있는 이상 초심리학은 과학의 동료가 될 수 없습니다.

과학을 제대로 이야기하기 위한 연습문제 | 3

어느날 선생님과 어린 학생들 사이에 다음과 같은 세 가지 질문과 답이 오고갔습니다. 각각의 문답은 이 장에서 말하는 어떤 패턴의 설명하기에 해당할까요? 선생님이 설명을 잘하는지 못하는지에 대해서는 이의를 제기하지 않기로.

①

영숙 있잖아요, 선생님. 디즈니랜드에서 사온 풍선이요, 집에 오니까 쪼그라들었다가 낮 동안 해가 비추는 따뜻한 곳에 내놓았더니 다시 원래대로 빵빵해졌어요. 손으로 눌렀더니 완전 딱딱해요. 왜 그런 거에요?

선생님 풍선에 들어 있는 기체는 사실 굉장히 작은 분자라는 알갱이인데, 그게 풍선 안에서 떠다니고 있는 거란다. 온도가 올라간다는 건 말이야, 그 알갱이들이 점점 더 빠른 속도로 돌아다닌다는 얘기야. 풍선 같이 닫힌 곳에서 기체를 만들어내는 알갱이들의 속도가 전부 다 빨라지면 어떻게 될까? 알갱이들이 풍선의 안쪽 벽에 닿아서 풍선을 바깥쪽으로 밀어내는 힘이 커지겠지? 이걸 압력이 커진다고 해. 풍선이 빵빵해지는 건 풍선 속 알갱이들이 풍선 벽을 강한 힘으로 밀어내고 있기 때문이란다. 알겠니?

②

경하 지구에는 왜 달님이 있어요?

선생님 지구가 생긴 건 46억 년 전이나 지난 옛날 일이잖아. 지구가 생겨난 지 얼마 되지 않았을 무렵에, 그렇지, 경하가 좋아하는 공룡도 매머드도 아직 지구에 없을 무렵에 화성과 비슷한 엄청나게 큰 별님이 지구와 부딪쳤어. 이 별님은 충돌 때문에 산산이 부서져서 지구의 파편이 되었고 우주로 날아가 흩어져버린 거야. 이 파편은 말이야, 지구의 인력 때문에 다시 끌어당겨져서 지구 주변을 빙글빙글 돌다가 토성의 고리처럼 되었단다. 그러다가 파편끼리 서로를 끌어당겨 달라붙은 것이 달님이 되었지.

③

승미 제트코스터는 왜 꼭대기에 있을 때 멈춰요? 그리고 그때는 엄청 느린데 아래로 떨어지면 왜 그렇게 빨라요?

선생님 승미야, 에너지라는 말 들어본 적 있니? 무엇이든 말이야, 높은 곳에 있을수록 위치에너지라는 에너지를 많이 가지고 있어. 또 어떤 것이든 빠르게 움직일수록 운동에너지라는 또다른 에너지를 많이 갖게 된단다. 훌륭한 물리학자가 발견한 건데, 무엇이든 이 위치에너지와 운동에너지를 합친 값은 항상 변하지 않아. 이 세상은 그렇게 되어 있단다. 그럼 제트코스터가 꼭대기에 있을 때는 위치에너지가 크고 운동에너지가 작겠지. 아래로 내려가면 위치에너지는 줄어들고. 이때 위치에너지가 줄어든 만큼 운동에너지가 늘어나기 때문에 제트코스터가 빨라지는 거란다. 알겠지?

4장

해왕성은 맞고, 수성은 틀리다

이론과 가설 만들기

앞서 3장에서는 과학의 중요한 역할인 '설명하기'를 세 가지 패턴으로 나누어 설명했습니다. 하지만 세 패턴 중 어느 하나에 들어맞는다고 과학적으로 올바른 설명이 되는 것은 아닙니다. 과거에는 신이 세상에서 일어나는 모든 일의 원인, 즉 제1원인이라 여겼습니다. 인간은 왜 탄생했을까란 질문에 신이 만들었기 때문이라고 답하면 됐죠. 아무 곳에나 신의 존재를 가져와 설명했습니다. 신을 믿는 사람에게는 그것이 설명이 될 수 있겠지만, 적어도 '과학적 설명'은 아닙니다.

과학적인 설명이 되려면 주어진 설명의 설명항이 과학적 이론 내지는 가설이어야 합니다. 나아가 설명항에 해당하는 이론과 가설이 제대로 확인되지 않았다면 과학적 설명처럼 보인다 해도 사실은 설명 능력이 없는 설명이며 '올바른 과학적 설명'이라고 할 수 없습니다.

생명의 발생을 둘러싼 어떤 설명들

그밖에도 올바른 과학적 설명이 아닌 예를 찾을 수 있습니다. 설명하기의 세 번째 패턴으로 '정체 규명'을 통한 설명이 있었습니다. 이 패턴을 따르고 있어도 나쁜 설명이 되는 경우가 있습니다. 예컨대 발생에 대해서 생각해봅시다. 달걀은 흰자와 노른자로 구성된, 매우 단순한 구조를 갖고 있습니다. 그렇게 단순한 달걀이 자라서 닭이 됩니다. 닭의 벼슬, 눈, 부리 등 몸의 어느 부위를 보아도 매우 복잡한 형태에 복잡한 기능을 하고 있습니다. 복잡한 구조와 기능을 가진 닭이 사실은 매우 단순한 달걀에서 온 것입니다. 대체 무엇 때문에 이런 일이 벌어지는지 옛날부터 지금까지 풀리지 않는 수수께끼였습니다.

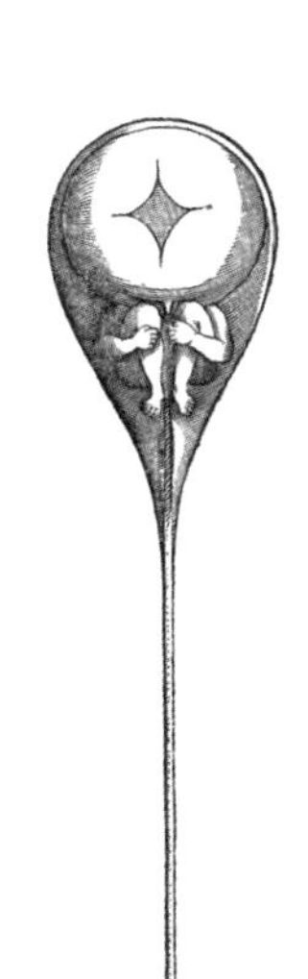

그림 4-1 하르트죄케르가 그린 정자(출처: Wikipedia)

이런 발생의 원인을 설명하기 위한 하나의 가설이 그림 4-1입니다. 네덜란드의 생물학자 니콜라스 하르트죄케르Nicolaas Hartsoeker가 그린 정자입니다. 17세기 후반 현미경의 제작기술이 발전하여 인간 등의 포유류에도 정자와 난자가 있고, 그것들이 수정함으로써 발생이 시작된다는 사실이 밝혀졌습니다. 이 연구를 접한 하르트죄케르는 정자의 머리 부분에 작은 인간 형상이 들어 있는데, 이 작은 인간 형상(호문쿨루스homunculus)을 포함한 정자가 수정 시 난자 안으로 들어가 난자를 영양분 삼아 자라면서 인간의 신체가 생긴다고 설명했습니다.

하르트죄케르는 정자의 미시적인 정체를 밝힘으로써 단순한 구조에서 복잡한 구조로 이행하는 과정을 밝히고자 했습니다. 성체의 구조가 난자(또는 정자)에 처음부터 존재했다고 생각하는 입장을 전성설前成說이라고 합니다. 하르트죄케르의 가설이 전성설에 해당합니다. 반면 생명체의 구조는 무구조無構造인 난자에서 점차 복잡한 형태로 생겨나는 것이라고 생각하는 입장을 후성설後成說이라고 합니다.

무구조에서 구조가 만들어지는 현상은 생명 특유의 현상으로 무생물에서는 거의 찾아볼 수 없습니다. 따라서 후성설은 생명에는 무생물에는 없는 특별한 원리가 있고, 그 덕분에 무구조로부터 구조의 발생이 일어났다고 봅니다. 반대로 전성설은 어떤 것이든 구조가 발생하려면 다른 구조가 필요하다는 주장으로 무생물과 생물을 동일한 원리로 이해하고자 하는 기계론과 사이가 좋습니다. 지금 보면 하르트죄케르의 가설이 황당무계하게 느껴질지 모

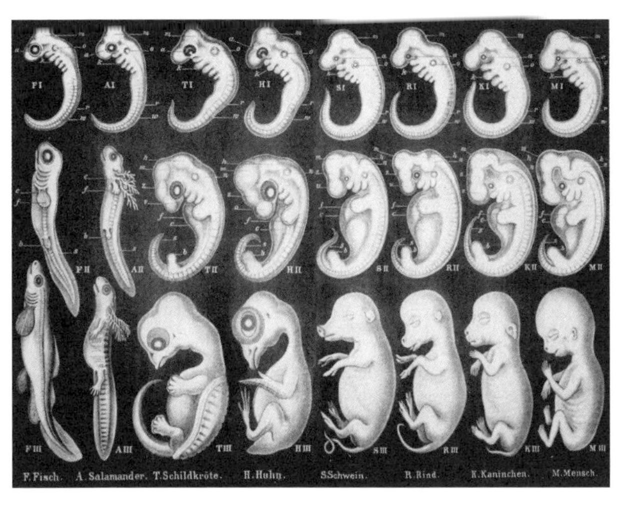

그림 4-2 헤켈의 발생원칙(출처: Wikipedia)

르지만, 당시에는 기계론적 입장에서 발생이라는 현상을 다루는 최첨단 과학이었습니다.

그러나 당연히 이 가설은 참이 아닙니다. 정자 안에 사람 형상은 들어 있지 않습니다. 하르트죄케르의 발생에 관한 설명은 과학적이었을 수는 있지만 틀린 가설을 바탕으로 하고 있었습니다. 즉 올바른 과학적 설명이 아니었던 거죠.

또다른 이야기를 소개하고 싶습니다. 앞에서 '설명'의 두 번째 패턴으로 보편적 원리에서 특수한 사례를 도출해내는 방법이 있다고 했죠. 하지만 그 보편적 원리에 근거가 없다면 올바른 과학적 설명이 될 수 없습니다.

19세기 독일에 에른스트 헤켈Ernst Haeckel이라는 생물학자가 있었습니다. 그림 4-2에는 헤켈이 생각했던 물고기, 도롱뇽, 돼지,

인간의 발생 과정이 그려져 있습니다. 그림을 보면 알 수 있듯이 최초의 모습은 어느 동물의 배아든 아주 닮아 있습니다. 처음에는 모든 동물이 물고기와 비슷한 형태에서 시작되어 점점 갈라집니다. 헤켈은 생명도 이런 순서로 진화해왔다고 설명했습니다. 헤켈은 수정란에서 성체의 모습으로 변하는 개체발생은 진화의 역사, 즉 계통발생을 반복한다는 보편적인 원리를 '발생원칙'이라는 이름으로 발표합니다.

이 발생원칙을 통해 인간의 태아가 발생 초기에 아가미를 가지고 있는 이유를 설명했다고 가정해봅시다. 보편적 원리에서 개별 현상을 도출하는 패턴이죠. 그러나 현재 개체발생이 계통발생을 반복한다는 보편적 원리는 잘못되었다는 것이 정설입니다. 또한 헤켈의 배아 스케치가 종을 뛰어넘어 유사성을 과도하게 강조했다는 점도 지적되고 있습니다. 따라서 헤켈의 설명은 과학적 설명이긴 하지만 올바른 과학적 설명은 아닌 셈입니다.

지금까지 몇 가지 나쁜 설명의 예를 들어보았습니다. 중요한 것은 올바른 과학적 설명이 되려면 설명하려는 이론과 가설이 과학적이어야 하고, 제대로 확인되어야 한다는 점입니다. 그런 점에서 이번 장에서는 이론과 가설이 어떤 식으로 세워지고 어떤 식으로 확인되는지 살펴보도록 하겠습니다.

비연역적 추론법 네 가지

그 전에 도구로 사용되는 '추론'에 대해 자세히 알아볼 필요가 있습니다. 여기서 잠시 샛길로 빠져 추론에 관한 이야기부터 할 테니 지치지 마세요.

추론은 특정한 문장이나 명제를 하나로 모은 꾸러미로부터 또 다른 문장이나 명제를 도출해내는 것이라고 정의할 수 있습니다. 최초의 꾸러미를 '전제', 거기서 추론으로 도출되는 문장이나 명제를 '결론'이라고 부릅시다. 추론은 연역과 비연역의 두 종류로 나눌 수 있습니다. 이 둘은 매우 대조적인 성질을 가지고 있습니다.

먼저 비연역적 추론부터 알아보겠습니다. 비연역적 추론은 다시 다음의 네 종류로 나뉩니다.

귀납법
투사
유추
귀추

우선 귀납법의 예를 하나 들어봅시다.

- 백혈구에는 핵이 있다.
- 신경세포에는 핵이 있다.
- 상피세포에는 핵이 있다.

- 간세포에는 핵이 있다.
- 정자에는 핵이 있다.

그러므로 인체의 모든 세포에는 핵이 있다.

이렇게 '백혈구, 신경세포, 상피세포 등 인체의 여러 세포에는 핵이 있다. 그러므로 인체의 모든 세포에는 핵이 있다'처럼 개별 사례에서 일반성을 도출하는 추론이 귀납법입니다.

투사도 귀납법이라 불리는 경우가 있습니다. 그러나 귀납법과는 조금 다른 부분이 있죠. 예를 들어봅시다.

- 백혈구에는 핵이 있다.
- 신경세포에는 핵이 있다.
- 상피세포에는 핵이 있다.
- 간세포에는 핵이 있다.
- 정자에는 핵이 있다.

그러므로 적혈구에도 핵이 있다.

귀납법이 개별 사례에서 일반적인 법칙을 도출하는 데 비해 투사는 '지금까지 살펴본 개별 사례는 모두 A였다. 그러니까 다음 개별 사례도 A일 것이다'라는 식의 추론입니다.

다음으로, 유추란 이런 것입니다. 두 질량 사이에 작용하는 인력은 거리가 멀어질수록 약해지는데, 거기에는 인력은 거리의 제곱에 반비례한다는 법칙이 있습니다. 이 법칙이 알려져 있다고 해봅시다. 양전하와 음전하는 서로 당기고 양전하와 양전하는 서로 밀어내죠. 이때 그 힘의 세기와 전하 간 거리의 관계를 따져보고 이번에도 거리의 제곱에 반비례할 것이라고 추론했다고 하면, 이것이 바로 유추입니다.

쉽게 말해 '두 가지 사실은 이러이러한 점에서 비슷하므로 그 밖의 점에서도 비슷하지 않을까?' 하고 생각하는 것입니다. 유추는 유사점에 대한 투사라고 해도 무방합니다. 질량 사이에서 서로 당기는 힘과 두 전하 사이에서 서로를 끌어당기는 힘은 모두 두 물리량 사이에서 작용하는 힘이고, 거리가 멀어짐에 따라 약해진다는 점에서도 비슷합니다. 그러니 힘의 세기가 거리의 제곱에 반비례한다는 점도 비슷하지 않을까 하고 추론하는 것입니다.

동물실험 역시 쥐와 인간이 매우 비슷한 생물이라는 사실, 특정 화학물질이 쥐에게 암을 유발한다는 사실로 미루어보아 그 화학물질이 인간에게도 암을 유발할 것이라는 유추적 추론을 바탕으로 실시된다고 말할 수 있습니다.

유추는 과학에서 새로운 가설과 이론을 발견할 때 제법 자주 쓰입니다. 다윈은 자연계에서 일어나는 진화가 인간이 행하는 품종개량과 유사하다고 생각했고 결국 자연선택설이라는 가설에 이르게 되었습니다. 19세기 전자기학에서는 전기를 유체로 유추하고 유체역학을 대입함으로써 다양한 성과를 거두었고, 영국의 맥스웰은 공간을 채우는 가상의 톱니바퀴에 빗대어 전자기장을 고찰했습니다. 20세기에 들어서 미국의 클로드 섀넌Claude Shannon은 통계역학의 엔트로피를 보고 유추해 정보량으로서의 엔트로피 개념을 도입했습니다.

마지막 귀추의 예로는 42쪽에서 소개한 사례를 들 수 있습니다. 천왕성의 궤도는 뉴턴역학으로 계산하면 아무리 해도 관측결과와 맞지 않았습니다. 그러나 천왕성보다 더 바깥에 또 하나의 행성이 있고 그 행성이 천왕성의 궤도에 영향을 주고 있다고 가정하면 천왕성의 움직임에 대한 설명이 들어맞습니다. 이는 천왕성의 바깥에 또 하나의 행성이 있을 것이라고 추론한 귀추법의 사례입니다. '지금까지 밝혀진 사실만으로는 바로 설명할 수 없는 문제가 나타났다. 그럴 때 이러이러한 가설을 두면 술술 설명이 된다. 그러므로 이 가설이 맞을 것이다.' 이런 종류의 추론이죠.

비연역적 추론 중 귀납법은 '가설 형성'이라든가 '최선의 설명을 위한 추론'으로도 불립니다. 그러나 저는 귀납법을 가설 형성이라고 부르는 데 거부감이 있습니다. 왜냐하면 귀납법뿐만 아니라 투사, 유추 모두 가설 형성에 사용할 수 있기 때문입니다. 투사를 활용해 '아직 연구되지는 않았지만 적혈구에도 핵이 있을 것'이라고 추론하는 것도 어엿한 가설 형성입니다.

귀납법, 투사, 유추, 귀추의 특징

지금까지 네 가지 비연역적 추론법을 소개했습니다. 여기에는 공통적인 특징이 있습니다. 무엇일까요? 두 가지를 들 수 있습니다. 우선 이 네 가지 추론은 모두 개연적입니다. 개연적蓋然的이 뭐지?

하고 생각한 분은 반대말을 떠올려보세요. 개연적probable의 반대말은 필연적必然的, necessary입니다. 즉 개연적이라는 것은 '필연적이지 않다. 결론이 반드시 옳다는 보장은 없다'는 뜻입니다.

예를 들어 '인체의 모든 세포에는 핵이 있다'고 말하지만 예외가 있습니다. 바로 적혈구입니다. 적혈구는 생겨나는 도중 핵이 사라져버립니다. 그래서 앞에서 세포와 적혈구의 핵을 예로 들어 소개한 귀납법과 투사 추론의 사례는 전제는 맞지만 결론이 틀렸습니다. 인체의 모든 세포에 핵이 있는 것도 아니고, 적혈구에 핵이 있는 것도 아니니까요. 이렇듯 귀납법과 투사는 전제가 모두 옳다고 해도 반드시 결론이 옳으리라는 법은 없습니다.

유추도 개연적입니다. 앞에서 설명한 전하에 관한 추론은 어쩌다 보니 결론이 맞았지만 유추를 통해 얻은 결론이 늘 맞는 것은 아닙니다.

귀추의 예로 든 해왕성 발견 에피소드에는 후일담이 있습니다. 르베리에의 예측은 대성공을 거뒀습니다. 예측한 바로 그곳에서 정말로 미지의 행성이 발견된 것입니다. 그것이 해왕성입니다. 예측이 들어맞아 자신감이 붙은 르베리에는 또 하나의 예측을 내놓습니다. 당시 관찰결과와 이론적 계산이 맞지 않는 행성이 또 하나 있었습니다. 이른바 수성의 근일점 이동◆ 문제죠. 수성도 계산결과와 실제 궤도가 맞지 않아 르베리에는 마찬가지로 귀추를 통

◆ 태양 주변을 타원형으로 도는 천체가 태양과 가장 가까워지는 지점인 근일점의 위치가 계속 조금씩 변하는 현상이다. 근일점 이동은 주변 다른 행성들의 인력 때문에 일어난다_옮긴이

해 수성의 안쪽 궤도에 행성 하나가 더 있을 것이라고 추론했습니다. 그러고는 자신 있게 그 미지의 행성에 발칸Valcun이라는 이름까지 붙였습니다. 발칸이란 로마신화에 등장하는 불의 신입니다. 태양에 근접한 곳에 있기 때문에 불의 신의 이름을 붙인 것이죠. 아직 발견되지는 않았지만 수성의 궤도를 교란시키는 것의 정체는 발칸이라고 르베리에는 예측했습니다.

그러나 추론은 맞지 않았습니다. 그런 행성은 없습니다. 그렇다면 수성의 궤도를 계산한 결과와 실제 움직임이 맞지 않은 이유는 무엇일까요?

정확히 설명하기는 힘들지만, 간단히 말해 태양은 너무 무거운 천체라 주변의 공간을 구부러트리기 때문입니다. 바로 상대성이론이 필요한 영역이죠. 그 때문에 태양의 주변 공간이 평탄하다는 가정 아래 성립한 뉴턴역학의 계산결과와는 맞지 않았던 것입니다. 이 문제는 20세기 들어 상대성이론이 등장하고 나서야 비로소 해결되었습니다. 결국 발칸이라는 미지의 행성은 존재하지 않으므로 르베리에의 추론은 틀린 겁니다.

여기까지 잘 이해하셨으리라 믿습니다. 비연역적 추론은 전제인 명제가 참이라고 해도 결론이 반드시 참이라고는 볼 수 없습니다. 항상 옳다고 할 수는 없기 때문에 '개연적'입니다.

이런 점은 아쉽지만 그 대신 장점이라고나 할까요, 비연역적 추론에는 또 하나의 특징이 있습니다. 결론에 도달하는 과정에서 '정보량이 늘어난다'는 점입니다. 모든 추론의 결론에는 전제에서 말하지 않은 또 다른 정보가 더해져 있습니다. 예를 들어 앞에서 설명한 귀납법과 투사의 사례에서 전제에서는 백혈구, 신경세포, 상피세포, 간세포, 정자, 이 다섯 종류의 세포에 대해서만 말하고 있습니다. 그러던 것이 결론에서는 인체의 모든 세포와 적혈구가 등장합니다. 정보가 풍부해졌죠. 유추도 마찬가지입니다. 전제는 질량과 질량 사이에 작용하는 인력만 다루고 있습니다. 그러다 결론에서는 전하와 전하 사이에 작용하는 인력(쿨롱의 법칙)을 말하고 있습니다.

이렇게 본다면 정보량이 늘어나는 특징과 개연적이라는 특징은 서로 영향을 미치는 관계입니다. 전제에 없는 정보가 결론에 더해지기 때문에 전제가 맞다고 해도 결론까지 항상 맞다고 볼 수는 없습니다. 이처럼 비연역적 추론에서는 정보를 덧붙인 부분이 틀릴 가능성이 있습니다.

비연역적 추론이 왜 필요할까

여기서 잠시 숨을 돌릴까 합니다. 우리는 왜 추론을 할까요? 인간이 보고 듣고 만져서 얻은 정보에 그때그때 반응할 뿐인 생물이라면 추론 능력은 필요하지 않습니다. 입안에 무언가가 날아들면 일단 삼켜서 소화시키고, 몸이 무언가에 찔리면 일단 움츠러들어 몸을 지키는 식이겠죠. 원시적인 생물 중엔 그런 방식으로 사는 경우도 있지만 다행인지 불행인지 인간은 그렇지 않습니다. 우리는 감각기관을 통해 수용한 정보를 전제로 지금까지 알아본 추론이라는 활동을 해서 새로운 결론을 만들어냅니다. 이것이 '생각한다'는 행위입니다.

추론을 하면 정보량이 늘어납니다. 정보량이 늘어난다는 것은 직접 보고 들어서 얻은 한계선을 넘어선다는 뜻입니다. 즉 비연역적 추론은 본 것이 어떠했는가를 바탕으로 하여 보지 않은 것 또는 보이지 않는 것은 어떻게 되는가 하는 방향으로 생각이 나아갑니다. 인간은 이런 활동을 통해 지금은 잃어버린 과거, 아직 오지 않은 미래, 멀리 떨어진 장소와 우주의 저편, 물질의 미시적인 구조 등 세상의 보이지 않는 부분이 어떤 모습일지 고민하고, 그 결론을 기초로 행동할 수 있습니다. 이런 일을 가능케 하는 것이 비연역적 추론의 특징입니다.

다만 비연역적 추론은 정보량이 늘어나는 대가로 결론의 정확성은 보장받지 못합니다. 감각기관으로 얻은 정보로부터 눈에 보이지 않는 세상에 대해 추론했다고 해도 그것이 맞으리라는 보장은 없는 것이죠.

이는 비연역적 추론으로 얻은 결론은 어디까지나 가설이며, 추론과는 별개로 확인을 거쳐야 한다는 뜻입니다. 그렇다면 과학에서는 이 문제를 어떻게 해결하고 있을까요? 이것이 다음으로 공부할 주제입니다. 여기서는 또 하나의 추론이 중요한 역할을 합니다.

과학을 제대로 이야기하기 위한 연습문제 | 4

다음에 몇 가지 비연역적 추론의 예가 있습니다. 비연역적 추론이므로 결론이 반드시 맞다는 보장은 없습니다. 결론에 이의를 제기할 수 있다는 뜻이죠. 각각의 추론이 귀납법, 투사, 유추, 귀추 가운데 어느 것에 해당하는지 밝히고 잘 반론해보세요. 단, 모든 추론은 전제에서 밝히는 사실이 거짓을 포함하지 않는다고 가정합니다.

① 내가 사는 마을의 보리밭에서 한밤중에 보리가 말끔히 베어지고 그 위에 이상한 모양이 그려지는 현상이 자주 일어나고 있다(미스터리 서클). 이것은 우주인이 지구에 올 때 타고 온 UFO가 착륙할 때의 흔적이라고 보면 앞뒤가 맞는다. 그러므로 아마도 우주인은 지구에 왔을 것이다.

② 어느날 아침 닭은 이렇게 생각한다.

'꼬끼오. 그저께 아침 해가 뜨니까 먹이를 줬어. 어제도 해가 뜨니까 먹이를 줬지. 오늘 아침도 해가 뜨니까 먹이를 먹을 수 있었어. 그러니까 내일도 그럴 거야.'

③ 석탄 연료가 연소되든 우라늄이 연소되든 똑같이 열에너지가 발생하고 그걸로 전기를 일으킨다. 타고 있는 석탄의 불을 끄려면 산소를 차단하면 되니까 원자로 안의 우라늄 연료도 산소를 차단하면 식지 않을까?

연역적 추론에 대하여

앞서 비연역적 추론을 공부했습니다. 그럼 이제부터 연역적 추론을 공부해볼까요? 먼저 구체적인 예를 살펴봅시다.

- 김철수가 당선되거나 이영호가 당선되거나 둘 중 하나다.
- 이영호는 당선되지 않는다.

그러므로 김철수가 당선된다.

어느 지자체 선거에 김철수와 이영호라는 두 유력 후보가 있고 둘 중 어느 한 쪽이 당선된다고 해봅시다(비슷한 예가 있다고 해도 우연인 걸로). 그런데 '선거 후반전이 되자 이영호 쪽에 엄청난 스캔들이 터지는 바람에 당선 가능성이 완전히 사라져버렸다. 따라서 당선된 것은 김철수일 것'이라는 추론입니다. 또 한 가지 예를 보죠.

- 모든 어류에는 아가미가 있다.
- 장어는 어류다.

그러므로 장어에는 아가미가 있다.

'모든 어류에는 아가미가 있다. 장어는 뱀처럼 보이지만 사실은 어류다. 따라서 장어도 아가미가 있다'는 추론입니다.

이런 추론이 연역이라고 불리는 것인데, 연역적 추론은 앞서 설명한 비연역적 추론과 대조적입니다. 즉 연역적 추론은 전제가 맞다면 결론도 반드시 맞습니다. 김철수가 당선될지 이영호가 당선될지 둘 중 하나라는 것이 맞고 이영호가 당선되지 않는다는 것이 맞다면, 김철수가 당선된다는 것은 필연적으로 맞습니다.

모든 어류에 아가미가 있다는 것이 맞고 장어가 어류라는 것이 맞다면, 장어는 반드시 아가미를 가집니다. 이렇듯 전제가 참이면 결론도 반드시 참이라는 것이 연역법의 특징입니다. 전제가 가지고 있는 진리가 결론에서도 보존된다는 의미에서 이 특징을 '진리 보존적'이라고 말합니다.

한편 정보량은 어떨까요? 비연역적 추론은 결론이 진리라는 보장은 없지만 정보량은 늘어납니다. 하지만 연역적 추론은 반대로 진리 보존적이기는 하지만 정보량은 늘어나지 않습니다.

앞의 예에서도 '김철수나 이영호 둘 중 한 사람이 당선된다'와 '이영호는 당선되지 않는다' 안에 김철수가 당선된다는 정보가 포함되어 있는 거죠. '장어는 어류'라는 것과 '어류는 모두 아가미가 있다'는 두 가지 정보 안에 이미 장어도 아가미가 있다는 정보가 포함되어 있습니다. 정리하자면, 연역적 추론은 전제에서 말하지 않은 새로운 정보는 아무것도 말하지 않습니다. 결론은 전제에서 암묵적으로 말한 것을 도출해낸 것에 불과합니다.

표 4-1에서 연역적 추론과 비연역적 추론에 대해 정리했습니다. 비연역적 추론은 전제에 포함되어 있지 않은 새로운 정보가 추가되어 정보량이 늘어납니다. 그래서 '새로운 것을 말하는 데 강력한 추론'입니다. 이에 비해 연역적 추론은 새로운 정보를 말하지

표 4-1 두 가지 추론의 특징

비연역적 추론	귀납	진리 보존적이 아님 개연적	정보량 증가
	투사		
	유추		
	귀추		
연역적 추론		진리 보존적	정보량 증가 없음

않는 대신 '진리를 보존'합니다. 양쪽이 가진 강점의 차이를 잘 정리해두세요.

연역적 추론은 왜 필요할까

이렇게 전제에서 이미 언급된 것을 도출하기만 한다면 연역이 어떤 쓸모가 있을까요? 확실히 참인 것을 알고 있는 사실로부터 이미 그 안에 포함되어 있는 진리를 도출하기만 한다면 연역적 추론이 어디 쓸 데가 있을까 의문이 들 법도 합니다.

그러나 연역적 추론의 용도는 다른 데 있습니다. 다음 대화를 읽고 한번 고민해보세요. 참고로 애니시다◆는 고사리◆◆의 친구가 아니라 콩과 식물입니다.

◆ 우리나라에서는 금작화 또는 양골담초로 불린다_옮긴이
◆◆ 일본어로 고사리 등의 양치식물을 시다シダ라고 부른다_옮긴이

A 애니시다가 양치식물이라고? 양치식물은 꽃이 피지 않지. 그럼 애니시다도 꽃이 피지 않는다는 말이잖아.

B 아, 그런가. 그런데 우리집 정원에 있는 애니시다는 아직도 꽃이 한창이야. 그럼 애니시다는 양치식물이 아니라는 건가.

여기서 A가 보여주고 있는 추론을 도식화해볼까요?

- 애니시다는 양치식물이다.
- 양치식물은 꽃을 피우지 않는다.

그러므로 애니시다는 꽃을 피울 수 없다.

이것은 연역적 추론입니다. A는 애니시다를 양치식물이라고 생각합니다. 나아가 양치식물은 꽃을 피울 수 없다는 사실도 알고 있죠. 이 두 가지 사실에는 애니시다는 꽃을 피울 수 없다는 정보가 분명히 포함되어 있습니다. 그러나 A의 말을 듣고도 B는 그 점을 깨닫지 못합니다. 그래서 아무렇지도 않게 '애니시다는 양치식물이다', '양치식물은 꽃을 피울 수 없다', '애니시다는 꽃을 피운다'는 세 가지 생각을 동시에 할 수 있었던 것입니다.

우리는 자신이 생각하는 것이나 어떤 명제가 어떤 사실을 포함하고 있는지 잘 꿰뚫어보지 못합니다. 전형적인 것이 수학의 공리계◆입니다. 수학의 집합에 나오는 공리계 중 ZF공리계라는 것이

◆ 수학적인 이론체계의 기초로서 설정된 명제들을 하나로 묶은 것을 말한다_옮긴이

있습니다. 이 공리계로부터 집합에 관한 다양한 정리를 연역할 수 있죠. 그러므로 여러 정리가 ZF공리계에 암묵적으로 포함되어 있다고 잘라 말해도 틀린 것은 아니지만, 실제로 어떤 명제가 포함되어 있고 어떤 명제가 포함되어 있지 않은지를 보고 바로 간파할 수는 없습니다. 그래서 수학이라는 학문이 설 자리가 있는 것입니다.

ZF공리계가 만들어진 것은 1908년이고, '실수 전체의 집합은 자연수 전체의 집합 다음으로 큰 무한집합이다'라는 명제(연속체 가설)를 ZF공리계로는 '반증'하지 못한다는 사실이 밝혀진 것은 1940년이었습니다. 나아가 ZF공리계로는 '실수 전체의 집합은 자연수 전체의 집합 다음으로 큰 무한집합이다'라는 명제의 '증명'도 불가능하다는 사실이 밝혀진 것은 1963년이 되어서였죠.

이렇듯 연역적 추론은 '특정 전제 안에 숨어 있지만 직관적으로는 알아차리지 못하는 정보를 명시화하기 위해' 있다고 할 수 있겠습니다.

두 추론법을 합체하면 엄청난 힘이 생긴다!

과학이란 어떤 활동일까요? 참인 것을 말하는 활동일까요? 물론 그렇지만, 맞다는 사실이 완벽하게 밝혀진 것만 연구한다면 그것은 과학이 아닙니다. 몇 십 년도 전에 밝혀진 사실을 논문으로 쓰면 오리지널리티가 없다는 말을 듣기 십상입니다.

그럼 새로운 것을 말하는 활동이 과학일까요? 새롭다고 해도 틀렸나는 사실이 완벽히 밝혀진 것만 말한다면 그것도 과학이 아니겠죠. '인간은 아무리 방사선에 노출되어도 괜찮습니다. 플루토늄을 먹고 건강해집시다'라는 주장을 했다고 해봅시다. 이것은 새롭습니다. 지금까지 들어본 적이 별로 없는 주장이죠. 하지만 틀렸기 때문에 이것도 과학이 아닙니다.

과학이란 새롭고 참인 것을 말하는 행위라고 볼 수 있습니다. 그러기 위한 도구로 우리는 연역적 추론과 비연역적 추론이라는 두 가지 추론법을 손에 넣었습니다. 이 둘을 어떻게 조합하면 새롭고 참인 것을 말하는 과학의 목적을 달성할 수 있을까요? 이것이 다음 주제입니다.

이번에도 과학의 역사에서 일어난 일을 예로 들어 살펴보겠습니다. 먼저 이야기할 사람은 19세기 빈에서 의사로 활동하던 이그나즈 제멜바이스Ignaz Semmelweis라는 인물입니다. 제멜바이스는 자신의 병원에서 곤란한 문제에 부딪쳤습니다. 이 병원에서 아이를 낳은 여성들 대부분이 고열로 사망하는 것이었습니다. 잇달아 산욕열childbed fever이라는 병에 걸린 겁니다. 분만하는 자리를 산욕産褥이라고 합니다. 욕褥은 요나 이부자리를 말하므로 침대라는 뜻이 되겠죠. 즉 산욕열은 산후 10일 이내에 발병하는 고열을 동반하는 병입니다.

제멜바이스의 병원에는 두 개의 병동이 있었습니다. 산파들이 아기를 받는 한쪽 병동에서는 산욕열에 걸려 사망하는 사람이 별로 없었습니다. 의사들이 아기를 받는 다른 병동에서는 사망률이 높았고요. 그리고 또 하나 사건이 있었습니다. 의사들은 검시檢屍

를 위해 시체를 해부하는데, 한 의사가 검시를 하다가 손가락을 찔립니다. 그 후 그 의사는 산모와 똑같이 산욕열에 걸려 사망했습니다.

이상의 세 가지 사실이 제멜바이스가 얻은 최초의 정보입니다. 알아보기 쉽게 정리해볼까요?

- 자신의 병원에서 분만한 여성 대부분이 산욕열에 걸린다.
- 산파가 아이를 받은 병동보다 의사가 아이를 받은 병동 쪽에서 그 비율이 높다.
- 검시를 하는 동안 손가락이 찔린 의사가 똑같이 산욕열에 걸렸다.

이 세 가지 정보에서 제멜바이스는 귀추법을 써서 가설을 세웠습니다. 귀추는 비연역적 추론에서 네 번째로 설명했죠. 제멜바이스의 가설은 다음과 같습니다.

> 산욕열의 원인은 시체가 갖고 있는 어떤 물질이고, 그것이 체내에 들어가자 산욕열을 일으켰다.

산파는 시체를 만지지 않지만 의사는 만집니다. 시체에 포함된 물질이 원인이라면 검시 중에 상처를 입은 의사가 산욕열로 사망한 것도 설명이 됩니다. 이 가설은 모든 정보를 설명해줍니다.

주의해야 할 점은 세 가지 정보 모두 제멜바이스가 직접 보고 체험하여 알 수 있었던 사실이라는 것입니다. 그러나 가설에는 눈에는 보이지 않는 사실이 포함되어 있습니다. '시체의 어떠한 물질'이 그것입니다. 이렇게 정보량이 늘어났습니다.

이미 살펴보았듯이 귀추만 가지고는 추론의 결론인 가설은 아주 미약한 힘밖에 얻을 수 없습니다. 이 가설을 확인하고 더 확실한 것으로 만들어야 합니다. 그러려면 어떻게 해야 될까요? 시체에 있는 물질을 직접 눈으로 보고 확인할 수는 없습니다. 답을 알고 있는 우리는 세균이 그 원인이라고 말할 것입니다. 하지만 당시에는 세균의 존재가 널리 알려지지 않았고, 세균임을 인식했다고 해도 눈에 보이지 않기 때문에 직접 확인할 방도가 없었습니다.

여기서 제멜바이스가 선택한 방법은 직접 눈으로 보고 확인할 수 없는 이 가설로부터 직접 눈으로 보고 확인이 가능한 사실을 '예측'으로 이끌어내는 것이었습니다. 만약 이 가설이 맞다면 어떤 일이 일어날지 상상해본 거죠. 그는 자신의 가설에서 '의사가 시체를 만진 손을 씻으면 시체에 있던 물질이 체내로 들어가지 않기 때문에 환자들의 산욕열 발생률이 떨어질 것이다'라는 예측을 도출합니다.

가설에서 예측을 이끌어내는 추론에는 무엇이 필요할까요? 가설 안에 포함된다는 것을 암묵적으로 알고 있지만, 명백히 말해지지 않은 사실을 이끌어내야 합니다. 정보량을 늘릴 필요는 없습니다. 핵심은 '만약 가설이 맞다면 이것도 맞다'고 말할 수 있는 점을 끌어내는 것입니다. 즉 진리 보존적인 추론이어야만 합니다. 연역적 추론이 등판할 차례입니다.

그 다음으로 예측을 '확인'해야 합니다. 제멜바이스는 그럼 한번 해보자는 생각으로 의사들에게 아이를 받을 때에는 손을 씻도록

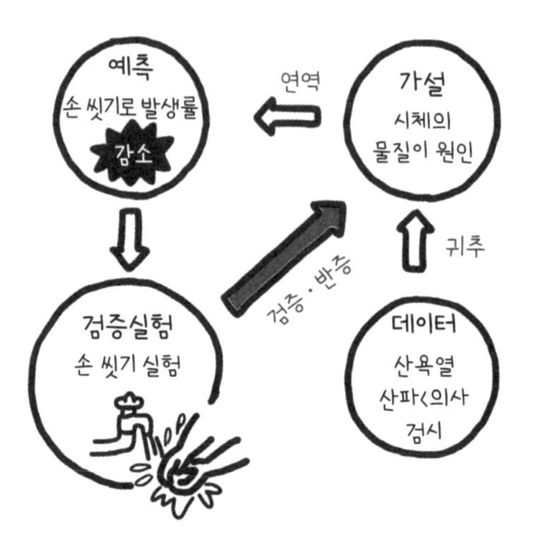

그림 4-3 제멜바이스의 추론 과정

지시합니다. '뭐? 지금까지 손을 안 씻었던 거야?' 하고 놀라셨죠? 하지만 이것은 소독이 일반화되기 전의 이야기입니다. 어쨌든 제멜바이스의 지시에 따라 의사들이 실제로 손을 씻어보니 예측한 대로 환자 발생률이 떨어졌습니다. 아무래도 가설이 맞는 듯합니다(그림 4-3). 여기에 내포된 추론을 정리해볼까요?

1단계 비연역적 추론법인 귀추를 이용해 가설을 세운다

- 자신의 병원에서 분만한 여성들 대부분이 산욕열에 걸려 사망한다.
- 산파가 아이를 받은 병동보다 의사가 아이를 받은 병동에서 발병률이 더 높다.
- 검시하는 도중에 상처를 입은 의사가 똑같이 산욕열에 걸린다.
- 시체에 있는 물질이 체내로 들어간 것이 산욕열의 원인이라고 한다면

위의 내용이 잘 설명된다.

그러므로 시체에 있는 물질이 체내로 유입된 것이 산욕열의 원인이다(가설).

2단계 연역적 추론으로 가설에서 예측을 이끌어낸다

- 시체에 있는 물질이 체내로 유입되는 것이 산욕열의 원인이다(가설).
- A가 B의 원인일 때 A가 일어나지 않도록 하면 B가 예방된다(보조가설: 일반적 원리).

그러므로 시체에 있는 물질이 체내로 유입되지 않도록 하면 산욕열은 예방된다(예측).

이런 식으로 전반부의 귀추 등 비연역적 추론과 후반부의 예측 도출 등 연역적 추론을 잘 조합합니다. 즉 새로운 사실을 말하는 데 강한 추론법과 진리를 보존하는 데 강한 추론법을 잘 조합함으로써 새로운 것, 참인 것을 밝혀내는 과학의 진정한 목적이 실현되고 있습니다. 물론 이 방법이 언제나 성공하지는 않습니다. 그러나 때때로 엄청난 힘을 발휘합니다.

이 방법은 '가설 연역법'이라고 불립니다. 가설 연역법이라는 이름이 붙은 것은 19세기의 일이지만 갈릴레이와 데카르트는 이미 이 방법을 쓰고 있었죠.

공룡 멸종의 원인을 추론해보자

가설 연역법이 과학의 유일한 방법론은 아닙니다. 하지만 실제로 자주 사용되고 있습니다. 여기서 공룡 멸종을 다시 살펴보겠습니다. 과학자들이 공룡은 왜 멸망했는가를 두고 고민하고 있을 때 흥미로운 데이터가 나왔습니다. 공룡이 살던 마지막 시대인 백악기 지층과 공룡이 사라진 신생대 지층의 경계 부분을 K-T 경계층이라고 부릅니다. 약 6,500만 년 전의 지층이죠. 이 지층을 조사해 보니 이리듐이라는, 백금과 비슷하지만 매우 무거운 금속을 다량 함유한 층이 있다는 사실이 밝혀졌습니다. 이리듐은 지구상에는 별로 없지만 운석에는 많이 들어 있습니다.

'공룡이 살았을 때와 멸종된 이후를 가르는 경계가 되는 지층에서 이리듐이 다량 발견되었다. 이리듐은 운석에도 다량 함유되어 있다.'

이 데이터로부터 귀추가 가능하겠죠. '커다란 운석이 떨어져 공룡이 멸종했다'는 가설이 세워집니다.

다음은 예측이죠. 만약 거대 운석이 공룡을 멸종시켰다면 이런 사실을 예측할 수 있습니다.

'거대 운석이 지구에 떨어졌다면 어딘가에 크레이터crater◆가 있을 것이다.'

그리고 실제로 멕시코 유카탄 반도에서 칙술루브 충돌구Chicxulub

◆ 운석 충돌이나 화산 폭발로 발생한 큰 웅덩이를 가리킨다_옮긴이

crater가 발견되었습니다. 예측한 대로 발견되었기 때문에 이 가설은 유력해졌습니다. 운석이 원인이라는 가설이 100퍼센트 확인되었다고 당당히 말할 수 있는 상황은 아니라 해도 상당히 유력한 설이 된 거죠. 가설이 검증되고 있다는 이야기입니다.

이런 식으로 가설을 세워 예측을 내놓습니다. 이것을 실험이나 관찰로 확인하고 그것이 맞다면 가설의 확실성이 올라갑니다. 과학 활동에서 매우 폭넓게 이용되는 방법 중 하나입니다. 과학의 모든 활동이 전부 이 패턴과 일치하지는 않지만 과학의 중요한 방법론 중 하나임은 분명합니다.

가설을 확인할 때 주의해야 할 점

마지막으로 한 가지 주의할 점이 있습니다. 가설 연역법에는 또 하나의 추론이 숨어 있습니다. 그것은 가설H에서 연역한 예측P이 맞다면 가설H이 확실하다고 결론 내리는 식의 추론입니다. 이 추론은 연역적일까요, 비연역적일까요?

이 추론을 도식화해보면 다음과 같습니다.

- H라면 P
- P다

그러므로 H다

이것을 연역이라고 해석하면 틀린 추론입니다. 방금 a의 제곱이 4라는 사실을 알았다고 해봅시다. 여기서 a가 2라는 사실이 나올 수 있을까요? 그러면 안 되겠죠. a가 -2일 수도 있으니까요. -2도 제곱하면 4가 되죠. 따라서 이 추론은 비연역적 추론입니다. '가설에서 도출된 예측이 맞는 경우 가설은 더 확실해지지만 100퍼센트 진리가 되지는 않습니다.' 실제로 같은 예측을 끌어낼 수 있는 가설을 논리적으로는 얼마든지 생각할 수 있습니다.

이렇듯 가설은 어디까지나 개연적입니다. 1장에서 과학은 100퍼센트 참과 100퍼센트 거짓 사이의 회색영역에서 조금씩 더 참의 방향으로 움직일 수밖에 없다고 말한 이유입니다.

이미 알려진 많은 사실을 설명하고, 거기서 도출되는 예측들이 모두 맞고, 이미 수용된 다른 가설과 모순되지 않고, 애드혹의 요소를 그다지 포함하지 않고, 같은 사실을 설명하는 비슷한 정도로 유력한 가설이 달리 없고 등의 조건이 충족되었을 때 가설은 종합적으로 '확실한 것'으로 받아들여집니다. 마침내는 그 분야의 과학자들이 모두 그 가설을 받아들여 정설의 위치를 차지할 수도 있겠죠.

정확히 확인하고 수용된 정설은 반론을 제기하고자 해도 상당히 어렵고 반론을 제기할 합리적인 이유도 없습니다. 하지만 논리적으로는 언제든 반론의 여지가 남아 있죠. 137억 년 전에 우주가 탄생했다는 빅뱅우주론은 이미 정설이라 할 수 있지만요, 여기에 우주가 불과 5분 전에, 빅뱅우주론이 모두 맞는 것처럼 보이는 증거를 전부 갖춘 상태로 갑자기 생겨났다는 또 다른 엉뚱한 가설로 반론을 제기한다고 해도 '논리적으로는' 얼마든지 가능합니다. 그러나 여기에는 반론을 제기할 만한 합리적 근거가 없습니다. 어깃장이 심하다고 할 수도 있고 과잉 회의론이라고 말할 수도 있죠.

과학을 제대로 이야기하기 위한 연습문제 | 5

지금까지의 내용을 바탕으로 다음에 대해 의견을 밝혀보세요.

① 그래도 말입니다. 나는 현대의학이라는 게 그렇게 도움이 되는지, 반대로 묻고 싶어요. 예를 들어 담배의 해악은 의학적으로 증명되지 않았다고 하잖아요. 의학적으로 증명되었다고 습관처럼 말하지만 사실 증명 운운하는 건 상당히 주제 넘는 상황이라고 봐요.

제가 항상 말하지만 '폐암의 원인은 담배'라는 게 의학적으로 증명됐다면 노벨상 감입니다. 암이라는 게 세포가 돌연변이를 일으켜 증식이 멈추지 않는 병 아닙니까. 폭주가 일어날지 말지는 유전자에게 달려 있고요. 즉 근본적으로는 유전적인 병이에요. 트럼프 게임할 때 스트레이트 플래시처럼 카드 다섯 장이 모이면 암이 된다고 해봅시다. 유전적으로 카드를 네 장을 가지고 태어난 사람이 있는가 하면 한 쌍도 없이 태어난 사람도 있겠죠. 그러니까 카드가 다 모이지 않은 사람은 담배를 피워도 폐암에 안 걸리는 거고 반대로 카드가 다 모인 사람은 금연해도 암에 걸리는 겁니다.◆

◆ 요로 다케시·야마자키 마사카즈 대담 〈이상한 나라 일본의 금연원리주의〉 중 요로 다케시의 말(《문예춘추》 2007년 10월호, 316~317쪽)

② '까마귀는 반짝거리는 것을 싫어한다'는 가설을 확인하고자 'CD를 쓰레기장에 걸어두었더니 까마귀가 가까이 오지 않았다'는 예측을 끌어내고 확인해본 결과 실제로 까마귀는 가까이 오지 않았습니다. 이 사실로부터 가설이 확실해졌다고 하더라도 극히 일부입니다. 왜냐하면 이런 예측을 이끌어낼 수 있는 가설은 그밖에도 있을뿐더러 어느 가설이 확인된 것인지 알 수 없기 때문입니다. 이 예측을 도출할 수 있는 다른 가설을 생각해보세요.

4장에서 이것만은 알아두자!

- 과학이란 새롭고 참인 것을 말하고자 하는 활동이다.
- 그 도구로 비연역적 추론과 연역적 추론의 두 가지 추론법이 있다.
- 비연역적 추론은 정보량을 늘리지만 개연적이다. 눈에 보이는 것에서 눈에 보이지 않는 것을 추론하기 위한 수단이다.
- 연역적 추론은 진리 보존적이지만 정보량을 늘리지 않는다. 전제가 암묵적으로 내포하고 있는 정보를 명시화하기 위한 수단이다.
- 양쪽을 조합했더니 재미있게도 과학의 목적을 실현할 수 있는 중요한 방법론이 만들어졌다. 바로 가설 연역법이다.
- 예측이 맞으면 가설이 맞다고 생각하기 쉽지만 그것은 비연역적 추론이므로 가설이 100퍼센트 맞는 것은 아니다. 더 확실해질뿐이다.

5장

틀린 과학과 유사과학은 다르다

검증과 반증

내 머릿속 규칙을 맞춰보세요

앞에서 말했듯이 가설이 말로만 끝나지 않게 하려면 특정한 방법을 써서 확인해야 합니다. 이 확인작업을 '검증'이라고 합니다. 검증이라는 말은 원래 가설이 맞는지 확인하는 과정을 의미하지만, 최근에는 미디어를 중심으로 상당 부분 확대 해석되고 있습니다. '보이스 피싱 수법을 검증한다!'처럼 상세히 조사해본다는 의미로 단순하게 쓰이는 경우가 늘고 있죠. 하지만 본래는 '멘토스와 콜라를 동시에 먹으면 위장이 파열된다는 것이 진짜인지 검증해보았다'처럼 가설의 확인을 의미할 때 씁니다.

이번 장에서는 가설을 검증하려면 어떻게 실험하고 관찰하면 좋을지 고찰해보겠습니다. 가설에 대해 무조건 실험과 관찰을 한다고 가설이 검증되는 것은 아닙니다. 가설 검증으로 정확하게 연결되는 실험과 관찰이 있는가 하면 그렇지 않은 것도 있죠.

이 점을 이해하기 위해 간단한 게임을 해볼까요? 제가 자연수 세 개를 배열하는 규칙 하나를 마음속으로 생각해놓으면, 여러분이 그 규칙을 맞추는 게임입니다.

여러분이 세 개의 자연수 배열을 말하고, 그 배열이 제가 마음 속으로 생각한 규칙에 맞는 경우 예스라고 말할 것입니다. 맞지 않다면 노라고 말하겠습니다. 이런 식으로 질문과 답을 반복하며 제가 생각한 규칙을 맞춰보세요. 그럼 첫 번째 힌트를 내겠습니다. [2, 4, 6]은 예스입니다. [2, 4, 6]은 제 머릿속에 있는 규칙에 부합합니다. 여러분은 다음에 어떤 질문을 하겠습니까? 대개 다음과 같은 대화가 되지 않을까요?

A 1, 2, 3은 어떤가요?

B 예스입니다. [1, 2, 3]은 제 머릿속 규칙에 맞습니다. 어때요? 규칙을 알겠어요?

A 첫 번째와 두 번째를 더하면 세 번째 숫자가 되는 규칙인가 싶은데요.

B 그렇군요. 그럼 그걸 확인하려면 또 어떤 숫자 배열을 물어보면 좋을까요?

A 1, 3, 4?

B 예스입니다.

A 1, 4, 5는 어떻습니까?

B 예스입니다. 여기까지 질문한 것만으로 확실히 맞췄다고 해도 좋을까요?

A 네, 확실하다고까지는 못하겠지만 역시 첫 번째랑 두 번째를 더하면 세 번째 숫자가 되는 규칙인 것 같은데요.

……

아쉽지만 이대로 간다면 몇 시간 동안 계속해도 맞출 수 없습니다. 여기서 말한 숫자 배열은 모두 제가 머릿속으로 떠올린 규칙에는 맞습니다. 하지만 여러분이 추측한 규칙은 정답이 아닙니다. 여러분을 애태울 생각은 없으니 정답을 알려드리겠습니다.

제가 생각한 규칙은 '숫자 세 개가 전부 다르다'였습니다.

"뭐야아~!" 하는 목소리가 들리네요.

검증조건과 반증조건

왜 방금 전처럼 질문하면 맞출 수 없을까요? 질문자는 [2, 4, 6]은 예스라는 힌트를 듣고 2+4=6이므로 첫 번째와 두 번째 수를 더하면 세 번째 숫자가 되는 규칙이 아닐까 하는 가설을 세웠습니다. 그리고 [1, 2, 3] [1, 3, 4] [1, 4, 5]라는 배열을 연달아 말했죠.

이 숫자들은 모두 자신이 세운 가설에 맞는 예입니다. 이런 예를 '긍정 예'라고 하는데, 긍정 예만 질문하면 제가 생각한 규칙은 맞출 수 없습니다. 이럴 때는 자신의 가설에 맞지 않는 예를 들어야 합니다. 예컨대 [1, 3, 5]라고 말해보는 거죠. 그럼 제가 예스라고 말할 겁니다. 숫자 세 개가 모두 다르다는 규칙에는 맞으니까요. 하지만 1+3은 5가 아니므로 질문자는 자신이 세운 최초의 가설을 내려놓게 됩니다.

여기서 '첫 번째, 두 번째, 세 번째로 갈수록 숫자가 커지는 규칙'이라는 새로운 가설을 세웠다고 해봅시다. 이 경우도 가설에 부합하는 예만 계속 내놓으면 안 됩니다. [2, 7, 5]처럼 가설에 맞지 않는 예를 들어야 합니다. 그렇지 않으면 이 게임에서는 절대 정답에 도달할 수 없습니다. 여기서 가설에 반하는 예를 '반증 예'라고 합니다.

그런데 이 게임을 시작하면 거의 대부분의 사람들은 자신이 예측한 가설에 부합하는 예를 연달아 듭니다. 이러한 행동은 우리 머릿속에 숨어 있는, 어떤 중요한 경향성을 확실히 드러냅니다. 그 경향을 '확증편향'이라고 합니다. 확증편향은 우리는 보통 '이렇지 않을까' 생각하고 그것을 확인할 때 그 생각에 들어맞는 사례만 찾는다는 것입니다. 예컨대 O형인 사람은 서글서글하다는 가설이 있다고 해봅시다. 진짜 그런지 확인해보려고 할 때는 O형이면서 서글서글한 사람만 찾게 됩니다. 그 결과 혈액형 성격 진단은 역시 맞는구나 하고 믿어버리죠. 사실은 O형이지만 서글서글하지 않은 사람을 찾았어야 합니다. 아니면 서글서글하지만 O형이 아닌 사람을 찾아야겠죠.

지금 해본 것은 제 머릿속의 규칙을 맞추는 게임이었습니다. 그럼 제 머릿속을 자연계라고 해봅시다. 여기 들어 있는 규칙은 자연법칙에 해당합니다. 질문자는 자연계의 법칙을 찾는 과학자고요. 과학자는 이 자연법칙은 무엇일까 하고 가설을 세웁니다. 게임에서의 질의응답이 실험에 해당하겠죠. 그런데 가설에 들어맞는 사례만 찾아 실험한다면 자연계의 법칙에 관해 세운 가설이 정말 맞는지 틀린지 확인할 수 없습니다(그림 5-1).

그러므로 가설의 확실성을 조사하려면 가설에 부합하는 예와

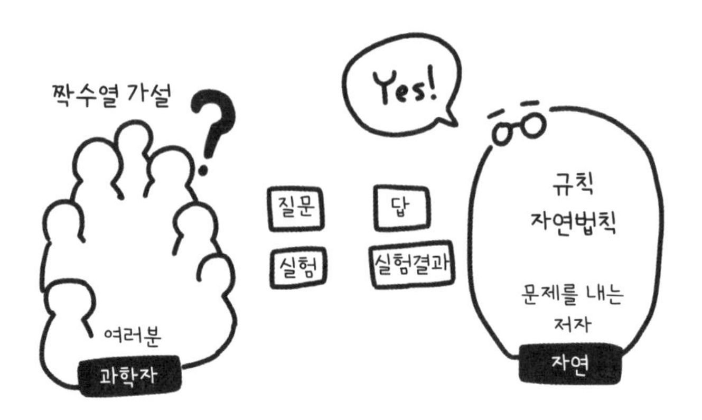

그림 5-1 실험이란 무엇일까?

부합하지 않는 예, 양쪽을 다 찾아야 합니다. 이것을 각각 '검증조건'과 '반증조건'이라고 합니다.

여기까지 이것만은 알아두자

- 검증조건: 어떤 실험을 해서 어떤 사실이 관찰되면 그 가설은 참이 되는가.
- 반증조건: 어떤 실험을 해서 어떤 사실이 관찰되면 그 가설은 거짓이 되는가.

가설을 세웠다면 가장 먼저 검증조건과 반증조건을 확실히 정하는 것이 중요합니다. 방금 전 게임에서 세 개의 숫자는 짝수라는 가설을 가지고 있었다면 [6, 8, 10]이나 [6, 2, 4] 등 긍정 예를 질문하는 것이 검증조건입니다. 반대로 [4, 7, 6]이나 [3, 5, 8] 등 가설에 맞지 않는 반증 예를 질문하는 것이 반증조건입니다.

네 장의 카드 문제

게임에 이어 이번에는 퀴즈에 도전해보세요. 필립 존슨 레어드 Philip Johnson-Laird와 피터 웨이슨Peter Wason이라는 영국의 심리학자들이 했던 실험에 사용된 퀴즈로 심리학계에서는 매우 유명한 네 장의 카드 문제입니다. 여기에 카드 네 장이 있습니다(그림 5-2). 각각의 카드 한쪽 면에는 알파벳, 반대쪽 면에는 숫자가 쓰여 있습니다. 이 네 장의 카드에 대해 한쪽 면에 모음이 쓰여 있다면 그 뒷면에는 반드시 홀수가 쓰여 있다는 규칙이 성립하는지 알아본다고 해봅시다. 최소한 어느 카드, 혹은 어느 카드와 어느 카드를 뒤집어야 할까요? 잠시 생각해보세요.

이 문제 역시 검증조건만 생각하면 정답을 맞추지 못합니다. 반증조건을 생각해야 하죠. 이 가설의 반증 예가 될 수 있는 카드는 어떤 카드일까요? 한쪽 면에 모음이 쓰여 있고 뒷면에 짝수가 쓰여 있는 카드겠죠. 그럼 이 카드 네 장 가운데 반증 예일 수 있는 것은 어떤 카드일까요? 우선 가장 왼쪽의 E 카드는 가능성이 있습니다. 뒤집어서 짝수가 나오면 가설은 반증됩니다. 그 카드만 있을까요? 사실 또 한 장 있습니다. 가장 오른쪽에 있는 16 카드입니

그림 5-2 네 장의 카드 문제

다. 뒤집었을 때 모음이 나오면 이 카드는 한쪽 면은 모음, 한쪽 면은 짝수이므로 반증 예가 되죠. 따라서 정답은 가장 오른쪽과 가장 왼쪽의 카드를 뒤집는다가 됩니다.

존슨 레어드와 웨이슨은 이 문제를 대학생들에게 냈고, 그 결과 정답을 맞힌 학생은 불과 4퍼센트였습니다. 가장 많은 응답(46퍼센트)은 왼쪽부터 첫 번째와 세 번째인 E 카드와 25 카드를 뒤집는 것이었습니다. 다음으로 많은 응답은 가장 왼쪽의 E 카드만 뒤집는다는 것이었습니다(33퍼센트). 확증편향으로 설명이 가능한 현상이죠. 이 문제의 가설에 대한 긍정 예는 앞면에 모음, 뒷면에 홀수가 적힌 카드입니다. 이 카드일 가능성이 있는 것은 왼쪽부터 첫 번째와 세 번째고요. 이렇듯 많은 대학생들은 확증편향 때문에 반증 예를 찾아야 한다는 데까지 생각이 미치지 못해 정답을 맞히지 못했습니다.

과학을 제대로 이야기하기 위한 연습문제 | 6

네 장의 카드 문제는 이후 심리학 실험의 단골 소재가 되어 다양한 버전이 시도되었습니다. 그중 재미있는 실험을 소개해볼까요? 여러분이 청소년 보호 경찰관이라고 상상해보세요. 번화가를 순찰하던 중 어느 가게에 들어가니 카운터에 네 사람이 무언가를 마시고 있습니다. 왼쪽부터 첫 번째 인물은 맥주를 마시고 있습니다. 두 번째 인물은 콜라를 마시고 있습니다. 세 번째 인물은 분명히 성인입니다. 네 번째 인물은 분명히 미성년입니다.

그렇다면 이 가게에서 '성인만 술을 마실 수 있다'는 규칙이 지켜지고 있는지 확인하고 싶은 당신은 네 명 중 누구에게 말을 걸어 알아보겠습니까?

이 문제는 논리적으로는 오리지널 버전의 네 장의 카드 문제와 같습니다. 정답은 양 끝에 있는 인물입니다. 왼쪽 끝에 있는 사람에게 "당신은 성인입니까?"라고 묻고, 오른쪽 끝 사람에게 "당신은 무엇을 마시고 있습니까?"라고 물으면 되겠죠. 여기서 우리는 네 장의 카드 문제를 푸는 건 어려웠어도 이 문제는 훨씬 쉽다는 사실을 알게 됩니다. 왜 그럴까요? 이를 설명하는 가설을 두 개 정도 생각해봅시다.

어디에 갖다놔도 다 맞는 이야기

가설의 검증, 즉 '확인'을 위해서는 가설의 검증조건뿐만 아니라 반증조건을 확실히 하는 것이 중요하다는 점은 이해가 됐으리라 생각합니다. 그런데 이 점은 악용될 수 있습니다. 반증조건을 확실히 해두지 않음으로써 반증으로부터 자신의 가설을 지키고 유지할 수 있기 때문입니다.

1장에서 과학과 유사과학 사이에 명확한 선을 그을 수 없다고 말했지만, 그럼에도 불구하고 흔히 말하는 유사과학에는 몇 가지 특징이 있습니다. 그것을 유사과학적 경향이라고 부르기로 합시다. 유사과학으로 불리는 것이 모두 유사과학적 경향을 가지고 있는 것은 아니고, 정통과학으로 간주되는 분야에서도 때때로 유사과학적 경향이 관찰되는 경우도 있습니다.

그런 사례 중 하나로 반증조건을 명시하지 않는 경우를 들 수 있습니다. 어떤 실험을 통해 어떤 일이 일어나면, 또는 어떤 관찰이 이루어지면 자신의 가설이 틀릴 수 있는지를 명확히 밝히지 않는 것이 유사과학입니다.

반증조건을 불명확하게 하는 첫 번째 전략은 가설을 무엇이든 부합하는 것으로 만드는 것입니다. 전형적인 예가 혈액형 인간학의 설명이겠죠. 이를테면 이런 문장입니다.

'당신은 외향적, 사교적이고 애교가 많을 때도 있지만 한편으로는 조심성이 많고 내향적, 소극적일 때도 있습니다.'

이것은 어떤 혈액형에 대한 소개인데 여기에 해당하지 않는 사람이 있을까요? 누구나 사교적이고 밝고 애교가 많을 때도 있고 내향적이고 조심성이 많고 소극적일 때도 있습니다. 다들 그렇죠.

그런데 이걸 읽은 사람은 '아, 내 성격이랑 똑같잖아' 하고 생각해버립니다. 또 한 가지 비슷한 예를 들어볼까요. O형 여성의 성격 진단입니다.

'본인이 좋아하는 사람과는 잘 지내지만 싫어하는 사람은 무시해서 반감을 사는 경우도 있으니 주의하세요.'

이것도 역시 다들 그렇겠죠. 누구든 여러 가지 경향을 가지고 있습니다. 상반된 경향이 함께 살고 있죠. 그런데 양쪽 경향성이 다 적혀 있으면 '오, 내 얘기다' 하고 믿어버립니다.

이런 효과를 바넘 효과Barnum effect◆라고 합니다. 지금 소개한 두 가지 예처럼 애매하게 혹은 중의적으로 써놓고 모든 사람들이 자기 이야기를 한다고 착각하게 만드는 효과를 말합니다. 바넘은 서커스단을 설립해 엄청난 성공을 거둔 미국의 엔터테이너이자 기업인의 이름입니다. 어느날 "당신의 서커스는 왜 그렇게 인기가 많습니까?"라는 질문에 바넘은 "아, 내 서커스는 말이야, 모두를 만족시킬 수 있는 무언가가 있기 때문이지"라고 대답했다고 합니다.

이렇게 어디에 내놓아도 다 들어맞는 가설을 만들어놓으면 당연히 반증 예는 거의 있을 수가 없습니다. 반증 예가 있을 수 없다는 것은 그 가설은 반증되는 일 없이 영원히 보호된다는 뜻이죠.

그런데 어떤 실험과 관찰로도 절대 반증되지 않는 진리라는 것이 있을까요? 있습니다. 이런 것이 있겠죠. '이 타석에서 추신수는 안타를 치거나 치지 않거나 둘 중 하나다', '위조지폐는 진짜 지폐가 아니다.' 이러한 사실을 '논리적 진리'라고 말합니다. 논리적 진리는 반증 예를 갖지 않습니다. 그래서 절대로 반증되는 일이 없습니다. 왜냐하면 이 논리적 진리는 이 세상이 어떻게 이루어지는지에 관해 아무것도 말하고 있지 않기 때문입니다. 다시 말해 정보량이 없기 때문입니다.

정보량은 기본적으로는 반증 예의 양으로 측정됩니다. '이 타석에서 추신수는 안타를 치거나 치지 않거나 둘 중 하나다', '이 타석에서 추신수는 안타를 친다', '이 타석에서 추신수는 2루타를 친다', '이 타석에서 추신수는 3루수와 유격수 사이에서 2루타를 친

◆ 포러 효과라고도 한다_옮긴이

다', '이 타석에서 추신수는 좌익수의 실수를 유도하며 3루수와 유격수 사이에서 2루타를 친다.' 갈수록 '말하고 있는 것', 즉 정보량이 늘고 있죠. 왜냐하면 예측이 빗나갈 경우(반증 예)가 뒤로 갈수록 늘어나고 있기 때문입니다.

어디에든 부합하는 가설은 논리적 진리에 한없이 가까워집니다. 정보량이 거의 없으므로 설령 반증을 면제받아 영원히 유지된다고 해도 이 세계가 어떻게 이루어지는지(다음 타석에서 추신수는 어떻게 될지)에 대해 아무것도 가르쳐주지 않기 때문에 가치가 없습니다.

모호한 표현으로 반증을 허락하지 않는 이야기

반증조건을 명확히 하지 않기 위한 두 번째 전략은 첫 번째 전략과도 관련이 있습니다. 가설을 다양한 방법으로 해석할 수 있도록 모호한 말로 설명하는 것입니다. 예컨대 다음 문장을 읽어보세요.

> 물이 든 비커에 '고맙습니다'라는 말을 붙여 얼리면 깨끗한 결정이 나오고 '바보'라는 말을 붙여서 얼리면 지저분한 결정이 나올 것이다.

어떻습니까? 이 '가설'을 제가 검증하려고 합니다. 물이 든 비커에 '고맙습니다'라고 쓴 종이를 붙여서 얼리니 그다지 깨끗하다고 할 수 없는 결정이 많이 생겼습니다. 그리고 '바보'를 붙여 놓은 물에는 깨끗한 결정도 생겼습니다. 자, 이걸로 가설은 반증되었다고 말할 수 있을까요? 그렇게 말하기는 어렵습니다. 이 가설을 주장한 사람은 다음과 같이 말할 수 있기 때문입니다.

"당신 말이야, 고맙습니다라고 쓴 종이를 붙인 물에서 그다지 깨끗하다고 할 수 없는 결정이 생겼다고 하는데 내가 보기엔 충분히 깨끗하거든. 그리고 바보라고 쓴 종이를 붙인 물도 깨끗한 결정이 생겼다고 하는데 이 결정은 아무래도 지저분해."

가설을 '깨끗하다', '지저분하다'라는 애매한 말로 표현함으로써 실질적으로 반증 예를 없애버렸기 때문에 언제까지고 가설을 유지할 수 있도록 만든 눈속임이 보일 겁니다.

가설의 애매한 표현 문제에 관해 정통과학도 고민을 해왔습니다. 특히 심리학이 그렇습니다. 사람은 과학으로서의 심리학이 태어나기 전부터 타인의 마음속을 추측함으로써 그의 행동을 예측하거나 설명하는 행위를 계속해왔습니다. 일상 속에서 누구나 하고 있는 이 활동을 과학적 심리학과 구별하여 민간심리학Folk psychology◆이라고 합니다. 민간심리학은 굉장히 변화하기 어려운 활동입니다. 그래서 우리는 2,000년도 전에 만들어진 옛 그리스의 비극을 보고 등장인물의 행동에 울고 웃을 수 있습니다. 이 민간심리학에는 사고, 기록, 판단, 욕구, 감정, 성격, 공격성 등의 말이

◆ 상식심리학, 민속심리학, 대중심리학이라고도 한다. 다른 사람들의 행동과 정신상태를 설명하고 예측하는 인간의 능력을 연구한다. 고통, 쾌락, 흥분, 불안 같은 심리상태가 일상생활에서 발생하는 과정을 설명하려고 시도하며, 과학적인 전문용어가 아닌 일반적인 용어를 사용한다_옮긴이

등장합니다. 이런 표현은 때때로 모호하게 해석되고요.

문제는 심리학에서도 이런 표현이 사용된다는 것입니다. 심리학이 민간심리학에서 유래하는 일상적인 표현을 쓰지 않을 수는 없을 것입니다. 어떤 심리학자가 '킁킁 경향'이라는 과학용어를 만들어낸 다음 명확하게 정의를 내린 뒤 '개인이 유사과학을 얼마나 쉽게 믿느냐는 그 사람의 삐삐 경향이 아니라 킁킁 경향에 달렸다'라는 발견을 했다고 해도 그게 무슨 말이야 하는 반응이 돌아올 겁니다. 차라리 '유사과학을 믿고 안 믿고의 문제와 가장 큰 관련이 있는 것은 온정주의적 경향이다' 정도는 되어야 제대로 된 설명을 들은 것 같죠. 이런 이유로 민간심리학과 관련된 어휘를 사용할 수밖에 없는 것은 어쩌면 심리학의 숙명입니다.

하지만 물리학은 그렇지 않죠. 그렇다면 민간심리학에 대응하는 '민간물리학'이라는 것도 생각해볼 수 있지 않을까요? 우리가 몸을 움직이거나 사물과 접하며 살아가는 데 있어 일상적으로 사용하는, 물체의 움직임에 대한 지식 말입니다. 예를 들어 '포크로 밥은 뜰 수 있지만 수프는 뜰 수 없다'라든가 '공을 굴리면 움직임이 점점 둔해지다가 언젠가는 멈춘다'라는 것 등의 지식 말입니다. 그러나 민간물리학에서 사용하는 말은 과학적인 물리학에서 사용하는 말과의 연결고리가 별로 많지 않습니다(완전히 없는 것은 아니지만요). 한 예로 '기세'라는 말은 물리학에는 나오지 않습니다. '속도', '운동량', '에너지', '충격량' 등 엄밀히 정의된 용어가 사용됩니다. 또 야구에서 말하는 '가벼운 공'은 질량이 작은 공이라는 뜻이 아닙니다. 호시 휴마◆가 가벼운 공을 극복하기 위해 메이저리

그 볼을 탄생시키긴 했지만, 그렇다고 두뇌환으로 전향하고자 했던 건 아니었죠.

모호함을 없애주는 '조작적 정의'

앞에서 설명했듯 심리학은 민간심리학과 공통의 언어를 쓸 수밖에 없습니다. 그래서 심리학의 가설을 설명하는 언어가 일상어와 마찬가지로 자칫 모호해질 수 있습니다. 그렇게 되면 심리학에 유사과학적 경향이 생겨버리죠. 이를테면 '지능'이라는 말은 민간심리학에도 등장합니다. 일상적으로 '지능범'이라는 말도 쓰고요. 하지만 이 말을 그대로 계속 사용한다면 일상어의 모호함을 심리학으로 가지고 들어가는 결과를 낳게 됩니다.

그래서 심리학자들은 구체적인 측정법에 따라 이러한 표현의 정의를 새로 내리기로 했습니다. 지능을 측정하기 위한 표준 테스트를 정의하고, 측정하고자 한 것이 테스트에 의해 제대로 측정되었는지 체크한 다음 '이 테스트에 따라 측정된 것을 지능이라고 한다'고 정의한 것입니다. 이러한 정의를 '조작적 정의'라고 합니다. 과학에서는 조작적 정의를 통해 특정 분야에서 사용되는 개념의 모호성을 제거하고 있습니다.

◆ 가지와라 잇키의 야구만화 《거인의 별》 주인공이다. 주인공 호시 휴마가 공의 구질이 가벼운 것을 극복하기 위해 묵직한 메이저리그볼을 개발한 부분을 빗대어 이야기하고 있다_옮긴이

그러므로 앞에서 설명한 물의 '깨끗한 결정'도 마찬가지로 결정에 사각기둥이 몇 개나 있는지, 기둥에 바늘모양이 각각 얼마나 생겼는지, 대칭성은 얼마나 되는지 등 결정의 생김새를 측정하여 수치화하는 프로세스를 정해 조작적으로 정의한다면 모호함은 사라질 것입니다. 이러한 과정을 거칠 수 있는 여건인데도 시도하지 않을 때 그 부분은 유사과학적 경향이 있다는 말을 들을 수밖에 없습니다.

심리학자들 고민의 핵심은 동료들끼리는 조작적으로 정의된 개념을 가지고 정확하게 연구를 진행하다가도 그렇게 얻은 결과를 외부에 전달하려고 하면 '여성은 언어능력이 뛰어나고 남성은 공간능력이 뛰어나다'와 같은 서술로 바뀐다는 점입니다. 이것은 과학을 어떻게 전달하는가 하는 문제와 얽혀 있기 때문에 2부에서 다루겠지만, 여기서 문맥상 중요한 것은 '언어능력', '공간능력'이라는 말은 심리학 내부에서는 조작적 정의가 내려진 개념이지만 외부로 나가는 순간 민간심리학적으로 해석된다는 사실입니다. 이런 점 때문에 '역시 민원창구에는 여성들이 많고 택시기사에는 남성이 많은 이유가 있었군!' 하고 이상하게 납득을 한다거나 혹은 반대로 '그런 건 심리학자들이 가르쳐주기 전부터 알고 있었던 거잖아. 심리학 참 쓸모없네'라고 생각하는 사람들이 나타났죠. 물론 양쪽 다 잘못된 해석입니다.

19세기 말부터 시작된 심령주의 열풍

가설을 만들 때 논리적 진리를 아슬아슬하게 스치도록 만들거나 혹은 빈약한 정보량에 모호한 표현을 쓰면서 반증을 벗어나고자 하는 것이 지금까지 설명한 유사과학의 수법 중 하나였습니다. 여기에 덧붙여 가설을 항상 애드혹하게 수정하는 전략도 있습니다. 이것은 초심리학이라는 분야에서 종종 볼 수 있습니다. 이 점이야말로 초심리학을 비판하려는 사람을 화나게 하는 부분이죠.

초심리학이란 '굉장히 심리학적 학문'이라는 뜻이 아니고, 3장에서도 말했듯이 초자연현상을 연구하는 분야입니다. 초자연현상은 초심리학자 당사자들에 의해 '물리학적으로 실현과 설명이 가능한지 여부에 관해 인정받는 일반적인 과학적 견해와 몇 가지 점에서 상반되는 현상'이라고 정의되어 있습니다.

초심리학의 연구대상은 크게 두 가지로 나뉩니다. 하나는 ESP Extraordinary perception라 불리는 것입니다. ESP는 초감각적 지각을 가리키는 말로 오감 이외의 감각으로 외부에 관한 정보를 지각하는 것입니다. 멀리 떨어진 장소에 있는 것이 보이는 천리안이라든가, 투시, 마음을 읽을 수 있는 텔레파시가 ESP의 대표적인 예입니다. 또 다른 연구대상은 PK psychokinesis, 즉 정신력으로 물체에 변화를 주는 사이코키네시스입니다. 염력, 염사◆가 전형적인

◆ 마음속으로 생각한 것만으로 건판이나 필름을 감광시켜 사진을 찍는다는 심령현상을 말한다_옮긴이

그림 5-3 코팅리의 요정들(출처: Wikipedia)

예입니다.

여기서 초심리학이 언제쯤 성립했는지 그 역사를 잠깐 살펴보겠습니다. 먼저 19세기 말 서양에서는 심령주의 열풍이 불었습니다.

미국에 폭스 패밀리라는 아주 유명한 가족이 있었습니다. 폭스가에 한밤중에 달그락달그락 소리가 들려 나가보니 분명 아무도 없는 곳에 의자가 쌓아올려져 있는, 폴터가이스트 현상◆이 일어났다고 합니다. 이 사건은 19세기 중반 무렵 세상에 알려져 심령주의 열풍에 불을 댕겼습니다.

영국에서는 20세기 초 코팅리 계곡이라는 곳에서 요정 사진이

◆ 이유 없이 이상한 소리가 들리거나 물체가 스스로 움직이는 등의 현상을 말한다 _옮긴이

찍혀 큰 화제가 되었습니다(그림 5-3). 이 사진에 완전히 말려든 사람이 셜록홈즈 시리즈를 쓴 코난 도일입니다. 도일은 불행하게도 아들을 잃고 낙담하던 와중에 이 요정 사진에 끌려 진짜라고 믿었습니다. 물론 이 사진은 그후 진짜 요정이 아니라 조작된 것임이 밝혀졌습니다. 철없는 아이들이 크리스마스 장식 책을 오려 요정을 만들고 함께 사진을 찍는 장난을 친 거죠.

이 역사적인 화제에서 중요한 사실은 19세기 말에 이미 이른바 초자연현상을 받아들일 만한 바탕이 만들어져 있었고, 그것은 과학과도 관계가 있었다는 점입니다. 19세기 말은 엑스레이가 발견되고 베크렐이 방사능을 발견하는 등 눈에 보이지 않는 방사선이 연달아 발견된 시대였습니다. 눈에는 보이지 않지만 물리적인 작용을 하는 방사선이라는 것이 존재한다는 사실이 심령주의 열풍의 방아쇠를 당겼다는 설도 있죠.

초심리학에서 이용하는 실험자 효과

여기까지는 굳이 말하자면 오컬트로 분류되겠지만, 이것이 '초자연현상'이라는 이름으로 바뀌고, 과학적 연구대상으로 삼고자 하는 사람들이 나타난 것은 20세기에 들어서면서입니다. 일본에서는 도쿄제국대학 문학부에서 심리학 연구를 하던 후쿠라이 도모키치福来友吉라는 인물이 유명합니다. 이 사람은 나가오 이쿠코, 미후네 지즈코, 미타 고이치 등의 초능력자를 발굴해 천리안 실험

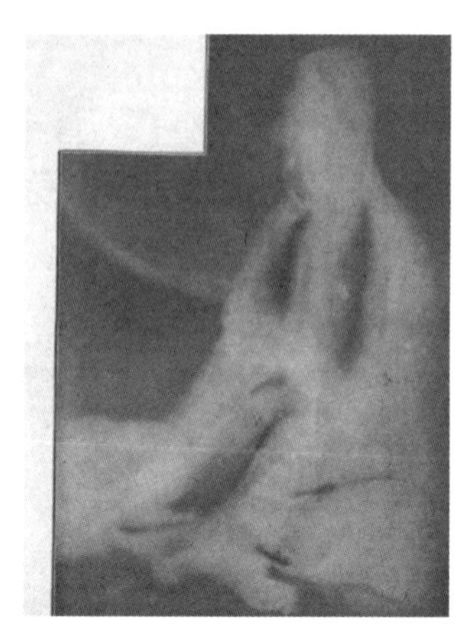

그림 5-4 후쿠라이 도모키치가 염사했다고 주장하는 사진(출처: Wikipedia)

을 진지하게 진행했습니다. 참고로 미후네 지즈코는 영화 <링>에 등장하는 사다코의 모델입니다. 미타 고이치는 가본 적 있을 리 없는 달의 뒷면 사진을 염사로 필름에 찍어내기도 했다고 합니다. 메이지시대 일본에서는 이러한 연구가 진행되고 있었습니다.

1937년에는 미국에서 《초심리학 저널Journal of Parapsychology》이라는 잡지가 창간되었습니다. 이 잡지는 현재도 간행되고 있죠. 이 분야의 유명한 인물로는 조지프 뱅크스 라인Joseph Banks Rhine이라는 학자가 있습니다. 그는 카드를 사용해 진행했던 다양한 투시 실험 내용을 논문으로 발표했습니다(그림 5-5).

당시 텔레파시가 발견되었다든가 투시능력이 증명되었다는 논문이 발표되면 그런 것에 회의적인 과학자들은 정말 그런지 내가 보는 앞에서 실험하라고 요구하곤 했습니다. 당연한 일이겠죠. 그래서 과학자들이 지켜보는 가운데 실험을 하면 초심리학자들이

그림 5-5 라인이 투시실험을 하는 장면(출처: Duke University Archives)

주장하던 결과는 나오지 않았습니다. 이런 상황에 대해 초심리학 연구자들은 어떻게 반응했을까요? 그들의 주장은 이렇습니다.

'실험을 실시하는 사람이 초심리학에 회의적이면 초자연현상은 사라져버린다. 초능력자는 텔레파시로 회의적인 실험자의 마음을 읽고 무의식적으로 결과를 바꾸어버리기 때문이다.'

의심을 품고 있는 사람이 실험에 참여하면 초능력자는 의심하는 사람이 있다는 것을 텔레파시로 알게 되고, 그 때문에 투시능력이 발휘되지 못한다는 '실험자 효과'에 대해 말하는 것입니다. 교묘한 변명이죠. "당신의 카드를 맞춰보겠습니다"라고 말해놓고 맞추지 못했다고 해봅시다. 의심하는 사람의 마음을 텔레파시로 감지했기 때문이라는 겁니다. 반증 예가 되어야 하는 것을 역으로 긍정 예로 바꾸어버립니다. 실험자 효과를 말하는 이상 아무리 불리한 실험결과가 나와도 반증은 절대 불가능합니다. 텔레파시에 회의적인 과학자의 마음을 읽은 결과라며 그것을 오히려 초능력이 존재한다는 증거로 삼기 때문입니다.

틀린 과학과 유사과학은 다르다

유사과학적 경향의 한 가지 요소로서 반증을 수용하지 않는 특징이 있다고 앞에서 지적했습니다. 이를 거꾸로 말하면 '과학은 반증에 열려 있다'는 뜻이 되겠죠.

영국의 과학자 칼 포퍼Karl Popper는 '반증에 열려 있다', 즉 반증가능성을 과학과 과학이 아닌 것을 구분 짓는 경계로 삼고자 했습니다. 과학은 틀렸을지도 모르는 위험성을 감수한다. 즉 반증조건을 명확히 한다. 그러나 비非과학과 유사과학은 틀릴 수 없다. 그러므로 과학이 아니다. 포퍼는 이렇게 생각했습니다.

만약 초심리학자가 과학적이고자 한다면 '이런 실험에서 이런 결과가 나올 경우 투시능력은 존재하지 않는다'는 반증조건을 명확히 한 상태에서 실험을 진행해야 합니다. 변명을 하거나 모호하게 만들거나 중의적으로 표현하는 등 틀릴 수 없는 시스템이 된다면, 그것은 이미 과학이 아닙니다.

열렬한 자유주의자인 포퍼의 속내는 마르크스주의와 프로이트의 정신분석을 비과학으로 돌려놓는 것이었습니다. 마르크스주의는 과학적 사회주의를 표방하고 있었지만 사실은 과학이 아니라고 포퍼는 말합니다.

마르크스주의는 노동자 계급은 점점 빈곤해지고 최초의 사회주의 혁명은 공업이 가장 발전한 국가에서 일어날 것이라는 등의 예언을 했습니다. 이 예언들은 틀렸습니다. 그러나 중요한 것은 예측이 틀렸기 때문에 과학이 아니라고는 말할 수 없다는 점입니다. 과학에도 틀린 예측은 말 그대로 산처럼 쌓여 있습니다. '틀린 과학'과 유사과학·비과학은 다릅니다. 마르크스주의가 과학이 아닌 이유는 오류를 인정하는 시스템이 없기 때문입니다. 영국 등 선진 자본주의 국가에서는 노동자 계급의 생활수준이 오히려 향상되었고, 최초의 혁명은 공업화에 뒤처진 러시아에서 일어났다는 사실을, 마르크스주의는 여러 가지 보조가설을 만들어 나중에 논리를 가져다붙이며 설명했습니다.

프로이트의 정신분석에도 이러한 오류를 애드혹으로 빠져나가려는 경향이 있습니다.

"당신은 어린 시절 성적 욕망을 억압했기 때문에 히스테리 증상이 나타나는 것입니다."

"아니 아니, 저는 그런 성적 욕망 같은 게 없습니다."

"그런 식으로 부인한다는 사실이 성적 억압이 얼마나 강한지 보여주는 겁니다."

이런 말을 들으면 "아, 그런 겁니까?"라고 말할 수밖에 없습니다. 포퍼는 프로이트의 이론이 틀릴 수 없는 시스템이라고 파악한 것이죠.

거듭 말하지만 과학은 틀릴 수 있습니다. 실제 과학의 역사를 보더라도 오류투성이입니다. 오류를 딛고 더 좋은 이론이 나옵니다.

그런 다음 "역시 그것도 틀렸더군요"라며 또 다른 좋은 이론이 나오죠. 수많은 틀린 이론과 틀린 가설이 등장했기 때문에 과학은 진보해왔습니다. 이렇게 '틀리면서 배우는 구조'를 잃을 때 정통과학 역시 유사과학적 경향을 띠게 됩니다. 그런 의미로 저는 일본 원자력공학의 일부에는 유사과학적 경향이 있다고 봅니다.

지금까지 반증 가능성과 유사과학적 경향을 다음의 두 경우로 나누어 고찰해보았습니다.

① 가설을 모호한 언어로 설명한다든가 또는 반증 예가 거의 있을 수 없거나 언제나 성립하는 듯한 방법으로 전달함으로써 가설의 반증조건을 명확히 제시하지 않는 자세를 유지한다면, 그 가설은 반증 불가능하고 유사과학적 경향을 갖고 있다.

② 가설의 반증조건을 명확히 제시했다고 해도 그 반증조건을 만족시키는 반증 예가 나타났을 때 애드혹 가설을 덧붙이는 등 가설을 반증으로부터 지속적으로 지키고자 하면, 그 분야는 반증 불가능하고 유사과학적 경향이 있다.

두 경우가 조금 다르다는 것을 아시겠죠. ①은 가설의 의미와 내용에 관한 반증 불가능성을 말하고 있지만 ②는 연구자의 태도에 관해 말하고 있습니다.

제대로 된 과학이 ①에는 해당하지 않는데, ②에는 해당하는 경우가 가끔씩 있습니다. 그리고 오히려 좋은 결과를 낳을 때도 있습니다. 이제부터 그 이야기를 해볼까 합니다.

반증 예가 나타났다! 지킬 것인가, 버릴 것인가!

앞에서 말한 르베리에와 그 동료들이 한 일이 ②의 실제 사례입니다. 그들은 뉴턴의 이론(가설)이 맞다면 천왕성은 이러이러한 궤도를 그릴 것이라고 예측했습니다. 천왕성이 궤도를 그대로 그리지 않으면 뉴턴의 이론은 반증된다는 반증조건을 명시한 셈입니다. 그런데 실제로 천왕성의 궤도를 관찰해보니 예측과는 달랐죠. 그러면 현실에서 천왕성의 궤도는 뉴턴 이론의 반증 예가 되는 셈입니다.

그렇다고 해서 "네, 그럼 뉴턴의 이론은 틀렸습니다"라고는 아무도 말하지 않았습니다. 르베리에는 천왕성의 바깥쪽에 또 하나의 행성이 있기 때문이라는 가설을 세웠습니다(귀추입니다). 말하자면 애드혹한 가설을 나중에 가져다 붙였다고도 볼 수 있습니다. 이 부분만 보면 초심리학자가 실험자 효과를 끌어와 실패한 실험을 그럴 듯하게 해명하려는 태도와 매우 닮아 있죠?

또 한 가지, 이 책을 쓰는 도중에 안성맞춤인 사례가 생겼습니다. 중성미자(뉴트리노)라는 소립자가 빛보다 빠른 속도로 날아온 것 같다는 발견입니다. 이 발견은 중성미자가 날아다니며 다른 종류의 중성미자로 변화하는 현상(중성미자 진동 변화)을 검출하기 위한 실험의 부산물로 얻은 결과입니다. 오페라OPERA라고 명명된 이 실험 프로젝트는 스위스에 있는 유럽입자물리학연구소CERN의 가속기에서 검출된 뮤온 중성미자의 빔을, 거기서부터 약 730킬로미터 떨어진 이탈리아의 그란사소 국립연구소Laboratori Nazionali del Gran Sasso에 놓인 검출기로 관측하여, 도중에 타우 중성미자로 변화한 것이 있는지 확인하고자 진행되었습니다. 여기에는 제가 근무하는 나고야대학교의 기본입자연구실도 참여해 중요한 역할을 담당했습니다.

연구자들은 고정밀도 GPS(위성항법장치)를 이용하여 CERN과 그란사소의 시계를 맞춘 다음 CERN에서 입자를 쏜 시간과 그란사소에서 검출된 시간을 비교했습니다. 그런데 믿을 수 없게도 중성미자가 광속보다 60나노초(1억분의 6초) 빨리 도착했다는 사실을 발견합니다. 오페라 실험에서는 입자들의 비행시간 오차를 10나노초로 컨트롤하고 있습니다. 이 오차를 감안하더라도 50나노초에서 70나노초 빨리 도달한 셈입니다.

상대성이론에 따르면 물질이 빛보다 빨리 운동하는 일은 있을 수 없습니다. 그럼 이번 측정실험이 상대성이론의 반증 예라는 말이 될 수도 있겠죠. 실제로 매스컴의 보도에서는 '상대성이론을 뒤집을 가능성'이나 '상대성이론과 모순'에 '타임머신 가능해져'라는 제목까지 난무했습니다. 《아사히신문》 석간 2011년 9월 28일자에는 만화가인 시리아가리 고토부키가 '타임머신이 생기다니'라는 제목으로 그린 연재만화가 실리기도 했습니다.

연구팀은 이번 발표까지 약 반 년에 걸쳐 측정 오류일 가능성을 거듭 검토했으나 어떻게 해도 결과를 완전히 부정할 수 없었기 때문에 발표를 단행했다고 합니다. CERN의 롤프 호이어Rolf Heure 소장은 '놀랄 만한 관측이 이루어졌으나 설명이 따라가지 못할 때 과학의 윤리가 요구하는 것은 정밀조사를 실시하고 제3자의 실험을 독려하기 위해 결과를 널리 공개하는 것'이라는 코멘트를 덧붙였습니다. 자신들은 실험의 신뢰도를 검토한 결과 자신감이 있어 발표를 단행했지만 더 폭넓은 추가 실험을 기대한다는 의미죠.

실험결과를 보고하는 논문에는 '이 실험결과를 어떻게 해석할지에 관해 전혀 언급하지 않겠다'라고 되어 있습니다. 이는 매우 이례적인 일입니다. 오페라 공동연구자 중에는 오페라 실험의 최초 발안자인 나고야대학교 니와 기미오丹羽公男 명예교수처럼 이 논문의 공동저자가 되는 것을 거부한 사람도 있었습니다.◆

반증 예가 나타나도 바로 포기하지 않는다

이번 발견에서는 과학자의 흥미로운 태도를 볼 수 있습니다. 상대성이론의 반증 예와 그 해석이 가능할 만한 결과를 얻었다고 해도 당사자 중 누구 하나 상대성이론이 부정되었다고 주장하기는커녕 그럴 가능성이 높다고 말하지도 않습니다. 대발견인데도 말입니다. 오히려 측정방법, 특히 GPS의 정밀도에 눈치 채지 못한 문제가 있었던 것은 아닌지, 놓쳐버린 실험 오차가 있는 것은 아닌지 하는 보조가설을 놓고 당혹스럽지만 다양한 가능성을 열어둔 채

◆ 면밀하게 검토한 결과 CERN 오페라 실험실의 시계와 그란사소 국립연구소 중성미자 검출기의 시계가 제대로 동기화되어 있지 않아 생긴 사건임이 확인됐다. 그란사소 검출기의 시계가 오페라 실험실의 시계보다 약 70나노초 느렸다고 한다. 여전히 빛보다 빠른 입자는 없다_편집부

검토를 계속하고 있습니다. 한편으로 이론물리를 연구하는 사람들은 일제히 이 결과를 해석하는 논문을 쓰기 시작했습니다. '우주에는 잉여차원(4차원 이상의 차원)이 있어 그것을 통과하여 지름길로 왔을 것이다. 따라서 중성미자는 빛의 속도보다 빨리 운동한 것이 아니다' 같은 가설이 제안되기도 했습니다.

이렇듯 반증 예가 나타나도 이전의 이론이 손쉽게 포기되는 일은 없습니다. 과학과 기술의 이노베이션이 광고에 등장하며 매일매일 변화를 거듭하는 것처럼 보이지만, 과학과 기술의 근본은 의외로 보수적입니다. 과학에서 커다란 변화는 천천히 일어날 수밖에 없습니다.

르베리에의 경우나 오페라 실험이 뉴턴의 이론과 상대성이론을 쉽게 반증하지 못했던 이유는 그것을 대체할 만한 경쟁 이론이 없기 때문입니다. 이번 실험결과로 상대성이론을 포기해버린다면 희생이 너무나 큽니다. 상대성이론은 이런 일로 버리기 아까운, 굉장히 좋은 이론이기 때문입니다. 그 좋은 점의 예를 들어볼까요?

우선, 상대성이론은 수많은 후속 연구를 파생시킨 이론입니다. 이 이론으로 이전까지 알려지지 않았던 미지의 현상이 다수 예측되었고 설명할 수 있게 되었습니다. 광속에 가까운 입자의 수명이 늘어난다는 것, 즉 멈춰 있는 관측자 쪽에서 보면 시간이 천천히 흐른다는 사실, 중력렌즈 효과에 따라 태양 너머에 있는 별의 위치가 틀어져 보일 것이라는 사실 말고도 지금까지 알려진 현상에 대해 좋은 설명을 제공했습니다. 95쪽에서 이야기한 수성의 궤도 변화(근일점 이동)도 그렇죠.

둘째 상대성이론은 수비 범위가 넓은 이론입니다. 이를 바탕으로 예측되거나 설명되는 현상은 소립자에서 천체까지 다양한 범위에 걸쳐 있습니다. 셋째 상대성이론은 보수적입니다. 상대성이론은 뉴턴역학을 특수 케이스로 포함하고 있습니다. 상대성이론이 있으면 별개로 뉴턴역학이 필요하지 않습니다. 넷째 상대성이론은 간결하고 아름다운 이론입니다. 상대성이론은 시간과 공간, 에너지와 질량을 통합해주었습니다. 이 네 요소를 따로따로 설명하는 이론보다 훨씬 단순합니다.

이렇게 좋은 점을 가진 이론은 반증 예가 등장했다고 해도 바로 포기되지 않습니다. 포기한다면 설명한 네 가지 장점보다 더 뛰어난 이론이 나타난 경우일 것입니다. 르베리에 당시의 뉴턴역학도 이런 좋은 점에서 경쟁 상대를 압도한 이론이었습니다.

보조가설도 중요하다

반증 예에서 가설과 이론을 구하기 위해 설정되는 보조가설의 성질에도 주목해야 합니다. 르베리에는 뉴턴의 이론을 지키기 위해 태양계에 또 하나의 행성이 있다는 보조가설을 세웠습니다. 태양계의 행성이 전부 발견되었다고는 볼 수 없으므로 얼마든지 있을 법한, 가능한 가정입니다. 그러나 투시실험의 실패로부터 초능력이 존재한다는 이론을 지키기 위해 실험자 효과를 가정하는 것은 르베리에의 경우와 같은 온당한 보조가설이 아닙니다. 투시능력이라는 일종의 초능력을 계속 주장하기 위해 텔레파시라는 또다른 정체불명의 초능력을 가정하고 있기 때문입니다. 이런 보조가설은 너무도 애드혹적인 수법입니다.

과거에 연소현상을 설명하는 플로지스톤설이라는 이론이 있었습니다. 물질이 연소하는 것은 그 물질에 포함된 플로지스톤이라는 원소가 빠져나가기 때문이라는 생각이었습니다. 플로지스톤은 열과 빛의 원소로도 여겨졌습니다. 물론 땔감을 태우면 열과 빛이 나오고 나중에 매우 적은 양의 재가 남을 뿐이니 이 설도 나름대로 직관에 호소하는 부분이 있습니다. 그러다 18세기 프랑스의 화학자 라부아지에가 주석을 연소시키면 오히려 무거워진다는 사실을 발견했습니다(연소는 산소와 결합하는 현상이므로 당연하겠죠). 이것은 플로지스톤설에는 반증 예가 됩니다. 이때 플로지스톤설을 지키려는 사람들은 주석 안의 플로지스톤은 음의 무게를 가졌다는 보조가설을 세웠습니다. 이런 것이 애드혹의 요소를 더한 보조가설입니다.

이렇듯 정통과학에서도 138쪽에서 유사과학적 경향 ②로 설명한 '가설의 반증조건을 명확히 제시했다고 해도 그 반증조건을 만족시키는 반증 예가 나타났을 때 애드혹 가설을 덧붙이는 등 가설을 반증으로부터 지속적으로 지키고자 하면, 그 분야는 반증 불가능하고 유사과학적 경향이 있다'와 같은 의미로 반증을 받아들이지 않을 때가 있습니다. 하지만 그것은 그 나름의 합리적인 태도입니다. 왜냐하면 새로운 이론이 등장할 때 보통 몇 가지 불리한 반증 예가 있게 마련입니다. 반증 예가 있다는 이유로 그 이론을 포기해버리면 이론이 성장할 사리는 없습니다.

이제 과학다운 반증 거부와 유사과학다운 반증 거부는 다르다는 점을 이해하셨죠? 우선 반증이라고 여길 합리적 이유가 있는지, 단순히 자신의 가설에 집착하고 있는 것은 아닌지의 차이입니다. 또 하나는 유사과학적 경향 ②의 기준이 특정 분야의 유사과학적 경향을 좌우하고 있다는 데 주의하기 바랍니다. 어느 한 시기에 ②와 같은 태도를 취하는 것과 항상 ②와 같은 태도를 취하는 것 사이에는 당연히 큰 차이가 있습니다.

과학을 제대로 이야기하기 위한 연습문제 | 7

19세기에 빛은 입자가 아닌 파동이라는 이론이 승리하자 이번에는 이 파동을 전파하는 물질은 무엇인가, 즉 빛의 매질은 무엇인가 하는 문제가 등장했습니다. 여기서 우주공간은 모두 에테르라는 물질로 가득 차 있고 그것이 진동하는 것이 빛이라는 이론(에테르 이론)이 탄생했죠. 미국의 물리학자 앨버트 마이컬슨Albert Michelson과 에드워드 몰리Edward Morley는 1887년 우주에 에테르가 가득 차 있다면 지구는 그 안에서 움직이고 있을 것이라고 여기고, 에테르에 대해 지구가 어떻게 운동하는지를 알아보기 위해 여러 방향에서 오는 빛의 속도를 정밀하게 관측하는 실험을 했습니다. 그 결과 언제든 어떤 방향에서 측정하든 빛의 속도는 변하지 않는다는 사실을 알게 됩니다. 그렇다면 이것은 전 우주를 채우고 있는 에테르에 대해 지구만 정지하고 있다는 말이 됩니다. 마치 천동설의 재림 같지 않습니까? 그럼 여기서 다음을 생각해봅시다.

'우주공간에는 에테르가 채워져 있고 지구는 그 안에서 움직이고 있다'를 반증 예(어떤 각도에서 오는 빛을 측정해도 속도는 같다)로부터 지키기 위한 보조가설을 생각해봅시다. 단 실험은 충분히 정확하게 실시되었고 실험 오류 가능성은 배제할 수 있다고 합시다. 보조가설이 여러 개 떠오른다면 훌륭합니다.

5장에서 이것만은 알아두자!

- 가설의 검증을 위해서는 검증조건뿐만 아니라 반증조건도 명확히 해 두는 것이 중요하다.
- 반증조건을 명확히 제안하지 않음으로써 가설을 반증 예로부터 지키려고 하면 유사과학적 경향이 짙어진다. 가설을 반증 예로부터 지키기 위한 방법에는 두 가지가 있다.
  ① 가설을 모호한 언어로 말한다. 또는 반증 예가 거의 있을 수 없는, 언제든 성립하는 방법으로 제시한다.
  ② 반증 예가 나타났을 때 임시방편적인 가설을 덧붙이는 등 가설을 반증으로부터 방어한다.
- 정통과학에서도 ②와 같은 일은 가끔씩 일어난다. 그러나 그때는 합리적 이유가 있고, 언제 어디서나 그렇게 하지는 않는다는 점에서 유사과학과는 다르다.

6장

비교 없는 99.9퍼센트는 위험하다

실험과 해석

보리 단지에서 저절로 생겨난 쥐

이번 6장에서는 5장에서 설명한 가설검증 방법을 바탕으로 실험에 관한 또다른 논점을 살펴봅니다. 바로 '실험은 통제되어야 한다'는 것인데요. 마찬가지로 역사적인 사례부터 찾아볼까요?

과거 생물학에는 자연발생설이라는 학설이 있었습니다. 현재의 지구에서도 볼 수 있는, 지극히 일반적인 환경에서도 자연적으로 무생물에서 생물이 발생한다는 설입니다. 지구의 긴 역사 속에서 최초에 생물은 없었으니 어느 시점엔가 무생물로부터 생물이 태어난 것은 확실합니다. 그러나 자연발생설은 지금과 같은 환경의 지구에서도 생물이 무생물로부터 발생한다고 주장했습니다. 자연발생설은 고대 그리스에서도 비슷한 설을 찾을 수 있을 만큼 오래된 학설입니다.

그럼 자연발생설은 어떻게 확인할 수 있을까요? 실제로 자연발생설을 확인하고자 했던 인물이 있습니다. 17세기 초 의사이자 화학자였던 벨기에의 얀 밥티스타 판 헬몬트Jan Baptista van Helmont

그림 6-1 헬몬트의 실험

는 이런 실험을 했습니다. 그는 그림 6-1과 같이 보리를 단지 안에 넣고 그 위에 땀 냄새가 나는 셔츠를 덮어두었습니다. 그러자 셔츠에서 나는 남자의 땀 냄새, 즉 체취가 보리에 작용해 쥐가 생긴 것을 확인했습니다. 물론 이 실험은 잘못되었습니다. 보고 있지 않을 때 쥐가 들어갔겠죠.

17세기 후반 이탈리아의 박물학자 프란체스코 레디Francesco Redi는 좀더 제대로 된 실험을 시도했습니다. 그림 6-2처럼 두 개의 용기를 준비해 양쪽에 고기를 넣습니다. 한쪽은 뚜껑을 덮어서 공기는 드나들지만 파리는 드나들 수 없게 하고, 또 다른 한쪽은 뚜껑을 덮지 않고 두었습니다. 당연히 고기에 파리가 달려들겠죠.

이것은 두 용기를 그대로 두면 어떻게 되는지를 알아보는 실험입니다. 양쪽 모두 고기는 부패하지만 뚜껑을 덮은 쪽에는 구더기가 끓지 않고 덮지 않은 쪽에는 구더기가 들끓었습니다. 당시 구더기는 썩은 고기에서 자연적으로 발생한다고 여겨졌습니다. 그

그림 6-2 레디의 실험

런데 실험을 해보니 뚜껑을 덮은 쪽의 고기에는 파리가 접근할 수 없기 때문에 구더기가 끓지 않았죠. 이 실험으로 파리처럼 육안으로 볼 수 있는 생물에 대해서는 자연발생설이 부정되었습니다.

여기서 중요한 사실은 이것이 '통제된 실험'이었다는 점입니다. 다른 말로 '대조실험'이라고도 하죠. 두 가지 상황을 설정한 다음, 그중 한 가지 조건만 바꾸고 다른 조건은 그대로 두는 실험 방법입니다. 두 용기에는 똑같은 고기를 넣었고 공기와 온도의 조건도 같습니다. 거기서 파리가 접근할 수 있고 없고의 조건만 바꾸는 것입니다.

이렇게 하면 구더기가 생기거나 생기지 않는, 양쪽 결과의 차이를 초래한 원인이 확실히 밝혀집니다. 양쪽에서 차이가 있는 조건은 부모 파리가 접근할 수 있는지 없는지의 여부였으므로 구더기가 발생한 원인은 파리가 가까이 접근해 알을 낳았기 때문이지 자연적으로 발생한 것이 아니라는 걸 알 수 있습니다.

이 실험이 구더기가 발생하려면 부모 파리가 알을 낳아야 한다는 가설을 검증하기 위한 것이라면 뚜껑을 덮지 않은 쪽을 실험군 또는 실험조건이라 하고, 뚜껑을 덮은 쪽을 대조군 또는 대조조건, 통제조건이라고 합니다. 레디가 어떤 가설을 세우고 실험을 진행했는지 모르기 때문에 여기서는 어느 쪽이 실험군이고 어느 쪽이 대조군인지 애매하지만, 한 가지 조건만 바꾼 통제실험이 중요하다는 점을 기억해두세요.

헐거운 마개와 자연발생설

이야기를 계속해보겠습니다. 레디의 실험으로 눈에 보이는 생물의 자연발생은 부정되었습니다. 그렇다면 눈에 보이지 않는 미생물은 어떨까요?

레디의 실험이 있고 나서 시간이 흘러 안톤 판 레이우엔훅Antonie van Leeuwenhoek이라는 네덜란드의 생물학자가 현미경을 발명했습니다. 지금의 현미경과 비교하면 장난감 같이 보이기도 합니다. 길쭉한 탁구채 같이 생긴 판의 위쪽 부분에 유리구슬이 끼워져 있는 정도였지만, 그야말로 대단한 물건이었죠. 제법 확대도 가능해서 하수구나 타액을 들여다보면 뭔가 우글우글하는 것이 보일 정도였습니다. 이렇게 해서 미생물 발견으로 한 걸음 더 다가갑니다.

미생물이 발견되자 육안으로 확인할 수 있는 크기의 생물이 자연발생하는 일은 없을지 모르지만 미생물이라면 가능할 법도 하지 않느냐는 설이 등장합니다. 다시 한 번 자연발생설이 되살아난 것이죠. 그래서 여러 사람이 직접 확인해보기로 합니다.

영국의 사제이자 박물학자 조지프 니덤Joseph Needham은 다음과 같은 실험을 했습니다. 플라스크에 양고기 육수를 넣고 보글보글 끓을 때까지 가열합니다. 살균을 하는 겁니다. 그다음 마개를 닫고 그냥 둡니다. 그러자 부모격인 미생물이 존재하지 않았는데도 부패하기 시작해 미생물이 생겼습니다. 현미경으로 들여다보니 보인 것이죠. 이 결과로부터 니덤은 미생물은 자연발생한다는 결론을 이끌어냈습니다. 그러나 사실 미생물 발생의 진짜 원인은 헐거운 마개였습니다. 그 때문에 밀폐 상태를 유지하지 못해 공기중에 있던 세균의 포자◆가 날아 들어간 것이죠. 하지만 이 실험은 당시 자연발생설의 유력한 증거가 되었습니다.

한편 니덤의 실험에 의심을 가지고 재검증해보고자 한 사람이 있었습니다. 라차로 스팔란차니Lazzaro Spallanzani라는 이탈리아의 생물학자입니다. 이제 시대는 18세기가 되었습니다. 스팔란차니는 두 개의 플라스크를 준비해 다음과 같은 대조실험을 했습니다.

한쪽은 니덤과 마찬가지로 육수를 가열해 코르크 마개를 합니다. 또 한쪽은 플라스크 입구 부분을 버너로 지져 유리를 녹이는 방법으로 완전히 밀봉합니다. 실험결과는 어땠을까요? 코르크 마개를 한 쪽에는 미생물이 발생했지만 완전히 밀봉한 쪽에는 미생

◆ 미생물의 생식세포를 말한다_옮긴이

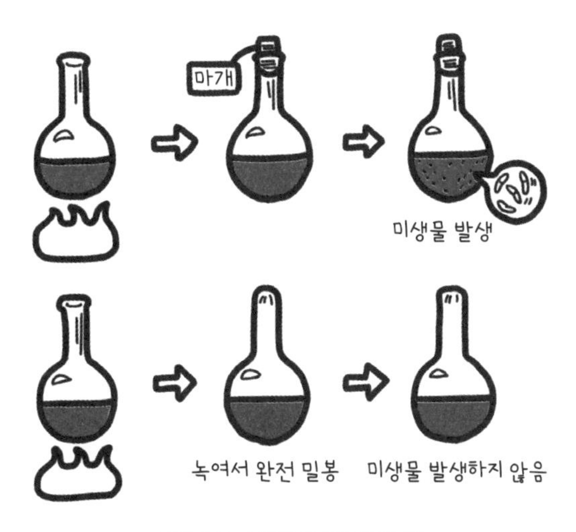

그림 6-3 스팔란차니의 대조실험

물이 발생하지 않았습니다(그림 6-3). 즉 니덤의 실험에서 미생물이 발생한 이유는 세균의 포자가 외부로부터 혼입될 틈이 있었기 때문이라고밖에 해석할 수 없습니다. 틈을 완벽히 봉쇄하면 자연발생은 일어나지 않습니다. 이렇게 스팔란차니는 미생물도 자연발생하지 않는다는 결론을 이끌어냈습니다. 굉장히 똑똑한 실험이죠.

이걸로 미생물의 자연발생설도 완전히 역사의 뒤편으로 사라졌을까요? 스팔란차니가 이 실험을 실시한 때는 1765년입니다. 하지만 여러분은 스팔란차니의 이름을 들어본 적이 별로 없지 않습니까? 교과서에서는 자연발생설을 완전히 부정한 사람을 스팔란차니가 아니라 파스퇴르라고 가르치기 때문입니다.

프랑스의 화학자 파스퇴르는 스팔란차니보다 100년이나 뒤에 태어난 인물입니다. 그리고 과학사 책에는 파스퇴르의 영리한 실험으로 인해 자연발생설은 부정되었다고 쓰여 있습니다. 그렇다면 파스퇴르의 실험 전에 자연발생설은 완전히 부정된 것이 아니었을까요? 스팔란차니의 실험은 어딘가 아직 부족한 부분이 있었던 걸까요? 있다면 그것은 어떤 부분일까요?

거위목 플라스크가 찍은 종지부

조금 전에 했던 대조실험 설명을 떠올려보세요. 대조실험은 한 가지 조건만 바꾸고 나머지 조건은 완전히 똑같이 만들어서 하는 실험이죠. 만약 스팔란차니의 실험이 한쪽 플라스크를 서늘한 곳에 놓고 다른 한쪽은 쨍쨍한 곳에 두었다면 대조실험이라고 말할 수 없습니다. 실험장소의 온도와 해가 드는 정도가 다르면 미생물이 발생한 원인을 온도와 빛에서 찾을 수도 있기 때문입니다. 물론 실제로는 장소의 조건에는 차이가 없었습니다. 내용물인 육수의 양도 같았습니다. 플라스크도 같은 모양의 것을 썼습니다.

스팔란차니의 실험에서 실험군과 대조군의 차이는 외부로부터 세균 포자가 들어왔는지 들어오지 않았는지의 차이밖에 없다고 생각하기 쉽지만 또 한 가지 중요한 조건이 달랐습니다. 바로 공기의 출입입니다. 완전히 밀봉한 쪽은 공기가 들어가지 않지만, 코르크 마개를 한 쪽은 포자뿐 아니라 공기도 들어갑니다. 그렇게 되면 자연발생설은 완전히 부정될 수 없습니다. 미생물의 자연발생에는 신선한 공기가 필요하다는 보조가설을 생각해볼 수 있기 때문입니다. 코르크 마개를 한 쪽에 깨끗한 공기가 있었기 때문에 미생물이 자연발생하고 완전히 밀봉한 쪽은 깨끗한 공기가 없어서 발생하지 않았다. 이런 식으로 딴죽을 걸 수도 있습니다.

결국 스팔란차니는 대조실험을 의도했으나 조건을 완벽하게는 갖추지 못한 셈입니다. 이렇게 해서 공기가 출입할 수 있는 조건에서 실시하는 대조실험이 과제로 남았습니다. 요약하자면 공기의 출입이 있어도 육수에서 미생물이 생길 일이 없다는 사실을 확인해야 하는 것이죠. 여기서 파스퇴르는 그림 6-4와 같은 플라스크를 사용했습니다.

이것은 거위목 플라스크라고 불리는 것입니다. 이 플라스크에 공기는 들어갈 수 있지만 포자는 들어갈 수 없습니다. 가는 관을

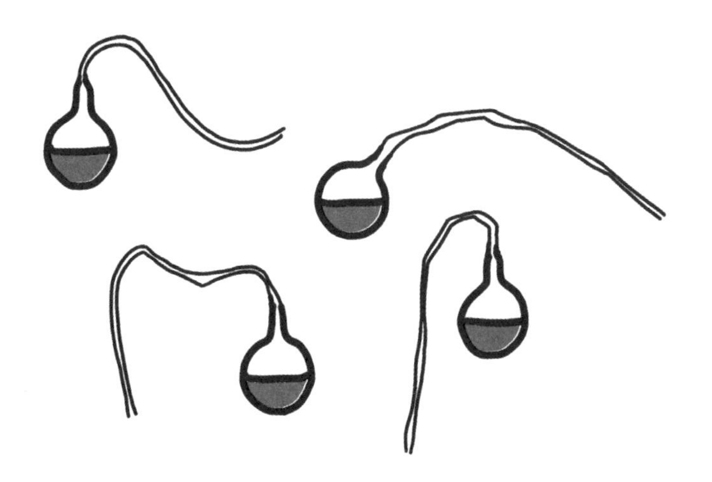

그림 6-4 거위목 플라스크

통과하는 동안 유리의 벽면에 달라 붙어버리기 때문입니다. 그래서 포자는 육수가 있는 곳까지 도달하지 못합니다. 파스퇴르는 우선 이 플라스크에 육수를 넣고 가열처리해 살균했습니다. 그 후 그대로 플라스크를 두어봅니다. 시간이 경과한 뒤 플라스크의 입구 부분을 깨서 안을 들여다보니 미생물은 발생하지 않았습니다. 그러나 이것을 그 상태로 더 두면 미생물이 발생합니다.

이 실험에서 사용된 플라스크는 한 개밖에 없지만 이것도 대조실험이 되는 이유를 아시겠죠? 처음 상태와 플라스크를 깬 다음의 상태를 비교하면 양쪽 다 공기가 유입할 수 있는 상태에서 포자의 혼입 유무만 다르기 때문입니다. 따라서 이 경우에도 대조실험으로서의 조건이 성립합니다.

인간을 대상으로 한 실험이 정말 어려운 이유

고혈압에 유효하다고 알려진 신약이 개발되었다고 합시다. 이 신약에 혈압을 낮추는 효과가 있다는 가설을 검증하려면 어떤 실험을 하면 될까요? 당연히 대조실험이라고 답하시겠죠. 고혈압 환자를 두 그룹으로 나눠 실험군에는 이 약을 투여하고 대조군에는 투여하지 않는다. 만약 실험군 환자 대부분의 혈압이 내려간다면 이 약은 효과가 있다고 말하면 될 것입니다.

그러나 현대의 기준에 비추어보면 이 실험만으로는 불합격입니다. 플라시보 효과라는 것이 있기 때문입니다. 이것은 1955년 미국의 헨리 비처라는 의사가 자신의 연구결과를 발표한 후 알려진 현상으로, 어떤 치료든 치료를 받은 환자의 생각에 따라 증상이 좋아지는 경우가 있다는 내용입니다. 대조군에는 아무것도 하지 않았고 실험군에만 약을 투여했기 때문에 약을 투여했다는 심리적 효과로 인해 혈압이 떨어진 환자가 있을지도 모른다는 얘기죠. 그렇다면 이 실험에서는 신약의 유효성분 덕에 혈압이 떨어졌는지, 심리적인 효과로 떨어졌는지 구분할 수 없다는 뜻입니다.

여기서 실험군과 대조군의 조건을 가능하면 똑같이 만들기 위해 대조군에도 밀가루로 그럴 듯하게 만든 위약을 복용시킵니다. 물론 유효성분은 포함되어 있지 않습니다. 이 위약을 플라시보라고 합니다. 당연히 본인에게는 어느 쪽을 복용하는지 모르게 해둡니다. 이렇게 하면 약을 먹었다는 심리적 효과까지 포함한 조건을 갖출 수 있죠. 이 방법을 맹검법[blinded test]이라 부릅니다.

그러나 이것으로도 아직 부족합니다. 실험을 하는 의사와 간호사의 태도가 피험자에게 영향을 미칠 수도 있기 때문입니다. 행여나 의사가 '이거 사실 위약이거든요' 하는 부정적인 태도로 약을 건네주어 의도치 않게 환자가 그 사실을 눈치챌지도 모르고요. 따라서 환자와 직접 접촉하는 사람도 자신이 실험군과 접촉하는지 대조군과 접촉하는지 모르게 해야 합니다. 이것은 피험자와 실험자 양쪽 모두 블라인드 처리했다는 뜻으로 이중맹검법이라고 불립니다. 실제 실험에서는 조건을 갖추고자 이런 부분도 신경을 씁니다.

과학을 제대로 이야기하기 위한 연습문제 | 8

청국장 가루에 다이어트 효과가 있는지 없는지 대조실험을 통해 알아보려고 합니다. 실험군에는 아침저녁으로 두 숟가락씩 청국장 가루를 먹도록 하고, 대조군에게는 청국장 가루 이외의 것을 먹도록 한 다음 10일 후의 체중 변화를 조사할 계획입니다. 이때 실험군과 대조군의 조건을 가능하면 똑같이 설정할 필요가 있죠. 무엇을 똑같이 해야 할까요? 생각할 수 있는 것을 모두 열거해봅시다.

여기까지 이것만은 알아두자

가설의 검증을 위해서는 어떤 실험과 관찰을 하면 좋을까? 앞 장에서 설명한 내용에 더해 다음과 같은 조건이 있다.

- 실험은 통제되어야 한다.
- 한 가지 조건만 바꾸고 나머지 조건은 완전히 똑같은 대조실험을 실시해야 한다.

어려울 때는 사분할표적 사고를

스팔란차니와 파스퇴르의 실험을 보면 알 수 있듯이 대조실험을 계획하는 것은 상당히 어려운 작업입니다. 과학자는 실험을 할 때 정말 알고 싶은, 중요한 부분만 다르고 나머지 조건들은 모두 동일하게 잘 갖춰져 있는가 하는 점에 굉장히 주의를 기울입니다. 나머지 조건이 제대로 갖춰져 있을수록 좋은 대조실험이 되기 때문이죠. 자연발생설의 역사를 보면 대조실험을 디자인하는 일의 어려움을 잘 알 수 있습니다.

여기서는 한 걸음 더 나아가 실험이 통제되어야 하는 이유를 생각해봅시다. 문제를 하나 내보겠습니다. 이제 이 정도는 쉽게 풀 수 있으리라 생각합니다.

> 온천치료를 한 신경증 환자의 대부분(99.9퍼센트)이 치유되었다는 데이터가 있다. 이때 온천치료는 신경증 치료에 효과가 있다고 말해도 좋을까?

이런 류의 이야기를 들어보신 분들이 많을 것입니다. 10일간 청국장 가루를 꾸준히 먹은 사람의 90퍼센트가 혈액이 맑아졌다든가, 이 약을 복용한 암환자의 몇 십 퍼센트가 나았다든가 하는 광고문구 말입니다.

문제는 온천치료를 한 환자의 99.9퍼센트가 치유되었다는 데이터가 있다는 점입니다. 1,000명 있다면 999명이 나았다는 뜻인데, 굉장한 비율이네요. 이쯤 되면 '온천치료는 신경증을 치료하는 힘이 있다'고 말하고 싶어집니다.

그러나 그 말은 틀렸습니다. 이유는 표 6-1을 보면 알 수 있습니다. 가령 온천치료를 하지 않은 신경증 환자 1,000명 중 999명은 자연치유되고 한 명만 낫지 않았다면 어떻게 되는 걸까요? 온천치

표 6-1

	온천치료를 함	온천치료를 하지 않음
치유됨	999	999
치유되지 않음	1	1

표 6-2

	온천치료를 함	온천치료를 하지 않음
치유됨	999	200
치유되지 않음	1	800

료를 하든 하지 않든 신경증은 그냥 두어도 99.9퍼센트 낫는 병이라는 뜻이 되겠죠.

그러므로 온천치료를 해서 나은 사람이 있다고 해도 온천치료를 했기 때문에 나은 것이 아니라 그냥 두어도 나았을 사람들이 온천치료를 한 것에 불과합니다. 온천치료가 신경증 치료에 효과가 있다는 것을 나타내고 있는 것이 아니라는 거죠. 즉 단독 데이터로는, 얼마나 높은 확률로 치료되었든 상관없이 온천치료가 신경증 치료에 유효하다고 말할 수 없습니다.

온천치료가 신경증에 유효하다는 것을 나타내려면 표 6-2와 같은 데이터가 필요합니다. 이 표는 온천치료를 하지 않은 신경증 환자의 80퍼센트가 치유되지 않았고 20퍼센트가 치유되었다는 데이터입니다. 자연적으로 낫는 것은 20퍼센트이고 온천치료를 하고 나은 사람은 99.9퍼센트이므로 둘을 비교하면 온천치료는

표 6-3 높은 확률은 중요하지 않다

	온천치료를 함	온천치료를 하지 않음
치유됨	100	1
치유되지 않음	900	999

유효하다고 말할 수 있겠죠.

이 표를 사분할표라고 부르기로 합시다. 문제를 사분할표로 생각하는 습관을 기르면 과대광고에 속지 않게 됩니다. '우리 재수학원에 다닌 학생의 90퍼센트가 A 대학교에 합격했습니다'라고 쓰여 있더라도 A 대학교는 시험에 응시한 사람의 90퍼센트가 합격하는 대학이었기 때문에 재수학원의 효과가 없는 것일 수도 있습니다.

이 사분할표에서 중요한 것은 높은 확률이 아니라는 사실을 이해하셨으리라 생각합니다. 예를 들어 신경증 환자의 치유 데이터가 표 6-3이었다면 어떨까요? 온천치료를 해서 치유된 환자는 10퍼센트이지만 자연치유된 환자는 1,000명에 1명이므로 0.1퍼센트. 이 수치를 비교하면 온천치료는 그냥 두는 것보다 100배의 효과가 있으며 치료에 유효하다고 결론지을 수 있습니다. 이제 대조실험이 왜 중요한지도 알 수 있겠죠?

표 6-4와 같이 사분할표를 이용해 대조실험을 나타낼 수 있습니다. 우선 외부로부터 포자가 들어올 수 있는 조건과 포자가 들어올 수 없는 조건을 준비하고, 그 외의 조건을 거의 똑같이 만들어 실험을 했습니다. 그러자 외부에서 포자가 들어오는 쪽도

표 6-4 대조실험은 어떤 역할을 하는가

	외부 포자 유입이 가능	외부 포자 유입 불가능
미생물 발생	999	1
미생물 발생하지 않음	1	999

1,000번에 한 번 정도는 미생물이 발생하지 않는 경우가 있습니다. 하지만 999번은 미생물이 발생했다고 해봅시다.

한편 외부에서 포자가 들어오지 않는 조건에서는 1,000번에 한 번만 미생물이 발생하고 999번은 발생하지 않았습니다. 행여 한 번 발생했다 하더라도 비교 결과 외부에서 포자가 들어오는 쪽의 확률이 이 정도로 높으면 외부에서 포자가 들어오는지의 유무가 미생물 발생의 결정적 단서라는 것을 알 수 있습니다. 말하자면 대조실험은 사분할표와 같은 기능을 하는 겁니다.

중요한 것은 상관관계

이 사분할표를 활용해 이번에는 '상관관계'에 관해 생각해보겠습니다. 표 6-5를 보세요. 반에서 시험공부를 한 사람과 하지 않은 사람이 있고, 공부한 사람 중에서 80퍼센트가 좋은 성적을, 20퍼센트가 나쁜 성적을 받았습니다. 한편 공부를 하지 않은 사람들의 경우 좋은 성적과 나쁜 성적의 비율이 2대 8이었다고 해보죠. 공부하지 않아도 성적이 좋은 사람이 있고 하더라도 성적이 나쁜 사

표 6-5

	공부하지 않음	공부함
성적이 좋음	2	8
성적이 나쁨	8	2

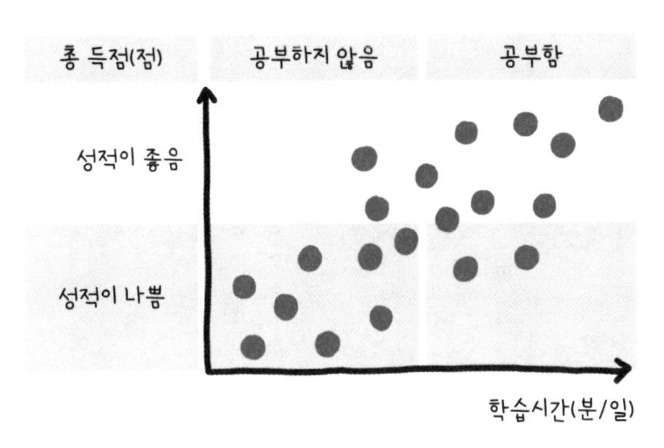

그림 6-5 상관관계 있음

람이 있지만 이 표를 보면 역시 공부의 효과는 있다고 말해도 좋을 것입니다.

이 사분할표는 '공부한다/하지 않는다'와 '성적이 좋다/나쁘다', 이렇게 둘로 갈라놓고 있습니다. 하지만 실제로는 공부를 한다고 해도 도 아니면 모가 아닙니다. 아예 안 하는 사람, 아주 짧은 시간만 한 사람, 오랫동안 공부한 사람 등으로 그 정도를 나눌 수 있습니다. 성적이 좋다/나쁘다도 마찬가지로 0점부터 100점까지 분포합니다.

이번에는 학습시간과 점수 분포를 그래프로 나타내보니 그림

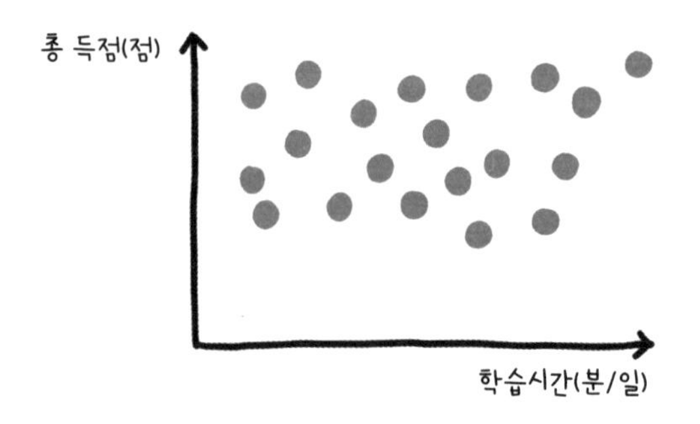

그림 6-6 상관관계 없음

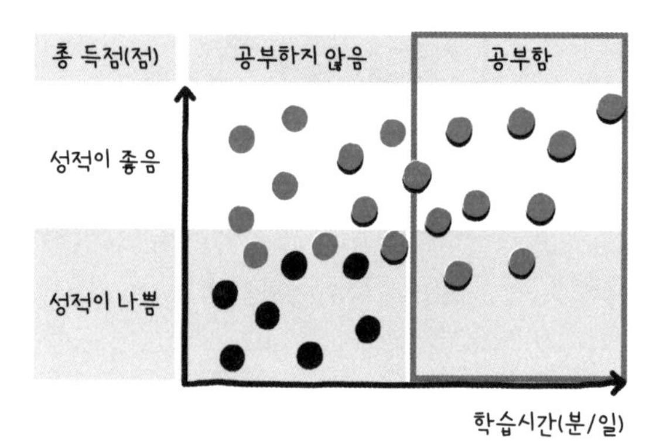

그림 6-7 이 부분만 봐서는 알 수 없다

6-5처럼 되었습니다. 점들은 한 명 한 명의 학습시간과 점수를 나타냅니다. 그래프를 보면 학습시간이 길어짐에 따라 성적이 향상되는 경향이 있습니다. 물론 예외적인 사람도 있지만 대부분은 공부한 시간이 길어질수록 점수가 올라가는 분포를 따릅니다. 이런 관계를 학습시간과 성적 사이의 양의 상관관계positive correlation라고 합니다.

그런데 만약 그림 6-6과 같다면 어떨까요? 많이 공부를 하든 안 하든 성적과 별로 관계가 없죠. 아마 시험이 쉬웠던 것 같습니다. 이런 경우 학습시간과 성적 사이에 상관관계가 없다고 합니다.

다음으로 상관관계가 있는 그래프와 상관관계가 없는 그래프를 겹쳐 보겠습니다. 그림 6-7입니다. 그러자 오른쪽 절반 '공부함' 쪽의 분포는 상관관계가 있는 그래프나 상관관계가 없는 그래프나 똑같습니다. 무슨 말인가 하면, 오른쪽의 공부한 사람들의 분포만으로는 상관관계가 있는 그래프와 상관관계가 없는 그래프가 구별되지 않는다는 말입니다. 왼쪽의 공부하지 않은 사람들의 분포까지 보아야 상관이 있는지 없는지를 알 수 있습니다.

여기서 말할 수 있는 것은 사분할표의 한 부분만 보고 확률이 높으니 가설을 검증했다고 할 수는 없다는 점입니다. 시험공부를 한 사람은 높은 확률로 좋은 성적을 거두므로 시험공부는 필요하다든가 온천치료를 한 신경증 환자가 높은 확률로 나았으니 온천치료는 효과가 있다든가 하는 말을 믿어서는 안 된다는 것이죠.

뇌과학의 위험성

사분할표를 활용한 사고의 중요성은 뇌과학 정보를 어떻게 접할 것인가 하는 문제와도 관계가 있습니다. 살짝 다른 이야기를 해볼까요? 최근 fMRI(기능적 자기공명영상)라는 기술이 발전하면서 전극을 심어넣거나 방사성 물질을 주사하지 않고도('비침습적으로'라고 합니다) 인간의 뇌가 활동하는 모습을 어느 정도 파악할 수 있게 되었습니다. 활성화된 곳이 붉게 빛나는 뇌의 단면도 같은 것을 본 적이 있을 겁니다.

우선 말하고 싶은 건 그 단면도는 마치 엑스레이 사진 같은 뇌의 스냅사진처럼 보이지만, 사실은 복잡한 정보처리 결과로 얻어진 매우 간접적이고 인공적인 사진이라는 점입니다. 첫 번째로, fMRI 영상은 뉴런(신경세포)의 활동을 직접 측정한 것이 아닙니다. 뉴런이 아니라 혈액 중 산소 소비량이 많은 곳을 측정하죠. 즉 산소 소비량이 많은 부위는 활발하게 활동할 것이라는 예상에 기반하고 있습니다.

두 번째로, 뇌는 한꺼번에 여러 부위에서 많은 일을 하고 있습니다. 그러므로 어떤 과제를 피험자에게 주고 fMRI 영상을 만든 것만으로는 그 과제를 수행하고 있는 부위를 밝혀낼 수 없습니다. 그래서 앞에서 살펴본 대조실험과 비슷한 과정을 거칩니다. 예를 들어 문자를 소리 내어 읽는 것과 관계가 있는 부위를 밝히고 싶을 때는 다음과 같이 측정합니다. 우선 문자를 눈으로 보는 과제를 주고 데이터를 취합합니다. 이것이 통제과제(대조군에 해당)입니다. 이후 문자를 본 다음 그것을 소리 내어 읽는 과제를 주고 데이터를 취합합니다. 이것이 실험과제(실험군에 해당)입니다. 그 다음으로 실험과제를 수행할 때의 뇌의 활성화 정도에서 통제과제를 수행할 때의 뇌의 활성화 정도를 '뺍니다.' 그러면 양쪽 과제에 포함된 '문자를 읽고 이해하는 것'과 관련된 부위의 활성화는 상쇄되고, 실험과제 속에만 있는 '소리 내어 읽는다'란 과제와 관련 있는 활성화 부위가 추출되는 것입니다.

세 번째로, fMRI 영상은 통제과제와 실험과제를 몇 번이고 반복해서 수행한 뒤 이것을 뺄셈한 결과를 통계 처리하여 미리 찍어둔 뇌의 단면도(구조영상이라고 합니다)에 겹쳐서 만든 것입니다. 뇌기능 영상은 활동 중인 뇌의 사진처럼 보이지만 사실은 그렇지 않습니다. 오히려 그래프에 가깝습니다.

fMRI는 뇌과학자와 심리학자에게 강력한 연구수단을 제공했습니다. 그 결과 다양한 연구결과가 발표되고 있습니다. 예컨대 불안을 느끼는 과제를 수행하도록 하면 많은 경우 편도체라는 부위가 활성화된다는 등의 결과를 얻었죠. fMRI로 직접 알 수 있는 것은 여기까지입니다. 문제는 이 지식을 다음과 같이 사용하는 사례를 뇌과학에서 심심치 않게 찾아볼 수 있다는 점입니다.

2008년 미국 대통령선거 예비선거 때 다음과 같은 '실험'이 있었다고 보도된 적이 있습니다(2007년 11월 11일자 《뉴욕타임스》). 아직 누구에게 투표할지 결정하지 않은 유권자 20명을 피험자로 설정하고 후보자에 대한 반응을 fMRI를 통해 측정했습니다. 그 결과 공화당 예비선거에 출마한 밋 롬니의 사진을 보았을 때 피험자의 편도체가 활성화되었다는 것입니다. 이로부터 이 실험을 실시한 뇌과학자는 유권자들이 롬니에게 불안을 느끼고 있다는 결론을 내렸습니다(참고로 롬니는 예비선거에서 매케인에게 패배했습니다). 이 추론은 옳은 것일까요? 이 추론은 다음과 같은 형태를 띠고 있습니다.

- A라는 심리상태에 있으면 뇌의 X라는 부위가 활성화된다.
- 지금 뇌의 X라는 부위가 활성화되었다.

그러므로 피험자는 A라는 심리상태에 있다.

엄밀하게 말하면 이 추론은 성립하지 않습니다. 이 결과를 올바로 이끌어내기 위해서는 'A라는 상태가 아닐 때 X는 활성화되지 않는다', 즉 똑같은 말이지만 X가 활성화되는 것은 A라는 상태에 있을 때뿐이라는 사실이 검증되어야 합니다. 불안을 느끼게 하는 과제를 수행하도록 할 때 얼마나 높은 확률로 편도체가 활성화되든, 그렇지 않은 과제일 때 편도체는 절대 활성화되지 않는다는 사실이 밝혀지지 않는다면 이 추론은 성립하지 않습니다.

지금까지 알아본 추론을 역추론이라 부릅니다. 《뇌과학의 진실》◆을 쓴 사카이 가쓰유키坂井克之를 비롯해 많은 뇌과학자들은 이런 종류의 추론이 뇌과학에서 안이하게 남용되고 있다며 경종을 울리고 있습니다. 그러나 이런 추론은 이미 뉴로 마케팅이라는 비즈니스 수단으로 널리 사용되고 있습니다.

우리는 다름 아닌 뇌연구자들 스스로가 이런 종류의 추론을 남용하는 데 위기감을 느끼고 경종을 울리고 있다는 사실에 주목해야 합니다. 정통과학 연구자들 내부에서도 언제든 유사과학적 경향으로 빠지는 일탈이 일어날 수 있습니다. 물론 핵심은 이 결론에

◆ 《뇌과학의 진실—뇌과학자는 무엇을 생각하고 있는가脳科学の真実—脳研究者は何を考えているか》(가와데북스, 2009년)

충분한 근거가 있는가, 실험을 통해 강력하게 지지받고 있는가를 항상 묻는 것입니다. 이렇게 섬세한 논의를 할 때 '유사과학'이라는 꼬리표를 쉽게 붙일 수 없다고 생각합니다.

두 종류의 오차

다시 원래 주제로 돌아가서 상관관계에 관해 주의해야 할 두 가지를 살펴보겠습니다.

첫 번째로 주의할 점은 상관관계를 올바로 파악하려면 샘플링을 잘못해서는 안 된다는 것입니다. 이 이야기를 하기 전에 일반적인 샘플링을 살펴보겠습니다.

어떤 실험조사든 오차는 따라오게 마련입니다. 오차에는 계통오차와 확률오차가 있습니다. 이 차이를 나타내면 그림 6-8처럼 됩니다. 모두 A가 실제 수치입니다.

계통오차는 사용한 이론이 틀렸거나 측정기기의 습관적 오류 때문에 계통적으로 발생합니다. 제대로 조정하지 않아서 아무것도 올려놓지 않은 상태인데도 0을 가리키지 않는 저울로 어떤 물체의 무게를 반복 측정한다고 생각해보세요. 측정값이 전체적으로 틀어져버리겠죠. 정확히 통제되고 있지 않다면 실험을 해도 이런 종류의 오차는 발생합니다.

한편 확률오차는 우연에 따라 발생하는 오차입니다. 정확히 조정한 저울이라도 같은 물체의 무게를 여러 번 재면 그때그때 수치

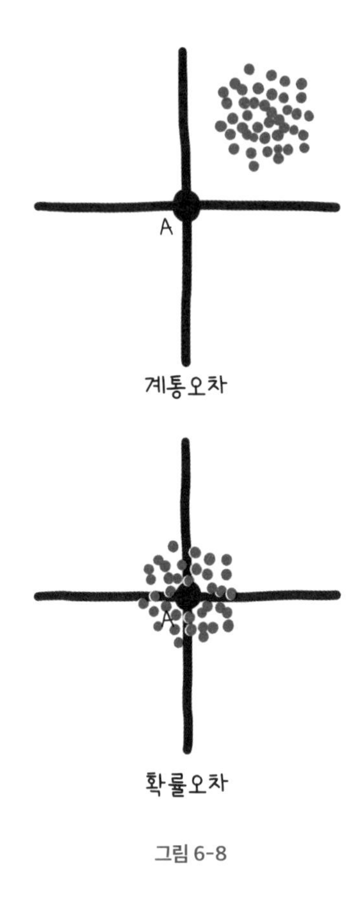

그림 6-8

가 다르게 나옵니다. 피험자가 많은 실험이라면 개인차라든가 건강상태나 기분에 따라 저마다 수치가 달라지겠죠. 이런 개인차나 건강상태나 기분까지 완벽하게 통제할 수는 없습니다.

이 두 오차를 줄이기 위해 과학자들은 지혜를 짜냈습니다. 계통오차를 줄이기 위해서 실험계획을 더 면밀히 세우고자 고민했죠. 그럼 확률오차를 줄이려면 어떻게 해야 할까요? 샘플을 늘려야 합니다. 무게를 세 번 재서 평균을 내는 것보다 열 번 재서 평균을 내는 쪽이 실제 수치에 가까워질 테니까요. 피험자를 되도록 많이 모아서 실험하면 개인차와 우연에 따른 차이도 상쇄됩니다.

하지만 이렇게 하려면 '무작위로 많이 모아야' 합니다. 피험자가 특정한 사람들로만 구성되면 오차를 줄이는 효과는 기대할 수 없습니다. 여기서 랜덤 샘플링이 중요해집니다. 실제로 과학자들은 피험자를 무작위로 선정해 실험군과 대조군을 무작위로 배정하는 등의 방법을 고안하고 있습니다.

과학을 제대로 이야기하기 위한 연습문제 | 9

랜덤 샘플링이라는 관점에서 보면 다음 조사에 어떤 문제점이 있을까요?

① 자신이 개발한 소프트웨어가 얼마나 사용하기 편리한지 알아보기 위해 같은 연구실 동료에게 소프트웨어를 실제로 사용해보게 하고 설문조사를 받았다.

② 혈액형 성격진단을 위한 자료(혈액형과 성격 특성)를 혈액형 성격진단 베스트셀러 책 애독자 카드를 통해 1만 건 이상 확보했다.

③ 휴대전화 사용빈도에 관한 설문조사를 많은 사람들에게 받고 싶어서 휴대전화 메시지로 일제히 발신했다.

상관관계를 따질 때 주의할 점-샘플링 오류

상관관계를 조사하고자 할 때 무작위로 샘플링하는 것은 당연하지만, 어떤 모母집단에서 샘플링을 하는지도 중요합니다. 모집단이라는 것은 다음과 같이 설명할 수 있습니다. 집단에서 몇 가지 샘플을 채취해 조사한 뒤 거기서 얻은 결과로 원래 집단의 성질을 추정하는데, 이때 원래 집단을 모집단이라고 합니다. 선거 출구조사에서 어느 선거구의 당락을 예측한다면 이 경우 모집단은 그 선거구에서 투표한 인원 전체입니다.

어느 대학의 교수님으로부터 들은 이야기입니다. 흥미로운 이야기라 소개해볼까 합니다. 이 대학에서는 센터시험◆ 성적과 2차시험 성적이 어떤 관계에 있는지 알아보기로 했습니다. 그래서 입학한 학생들을 무작위로 샘플링해서 센터시험 점수와 2차시험 점수의 관계를 조사했습니다. 대학 측은 당연히 센터시험에서 좋은 점수를 받은 사람이 2차시험에서도 좋은 점수를 받을 거라고 예측했겠죠.

그런데 의외로 두 가지 변수가 음의 상관관계를 나타냈습니다. 즉 센터시험의 점수가 높으면 높을수록 2차시험 점수가 낮아지고, 2차시험 점수가 높으면 높을수록 센터시험 점수가 낮아지는 경향을 보였습니다. 이것은 2차시험이 센터시험과 완전히 다른 능력을 측정했다고 해석할 수 있습니다. 한쪽 점수가 높으면 다른 한

◆ 일본의 대학입시에 사용되는 시험. 수학능력시험과 비슷하다_옮긴이

쪽 점수가 낮아지는 능력을 측정한 셈이니까요. 결국 대학의 2차 시험에 문제가 있는 건 아닌가 하는 논의가 있었다고 합니다.

이런 결과가 나온 이유는 샘플링의 모집단이 잘못되었기 때문입니다. 애초에 입학자 전체를 모집단으로 설정한 점이 이상합니

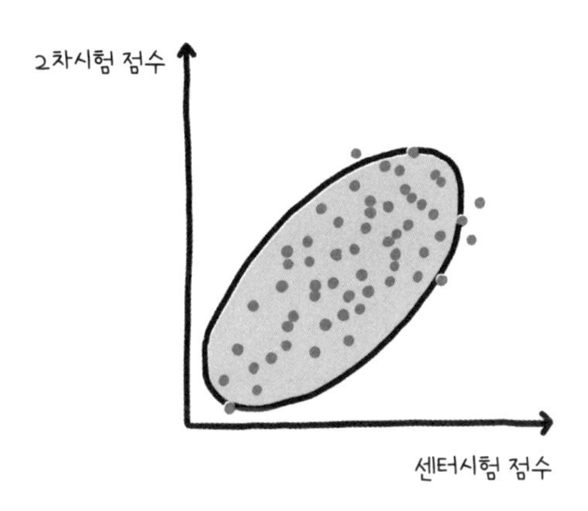

그림 6-9

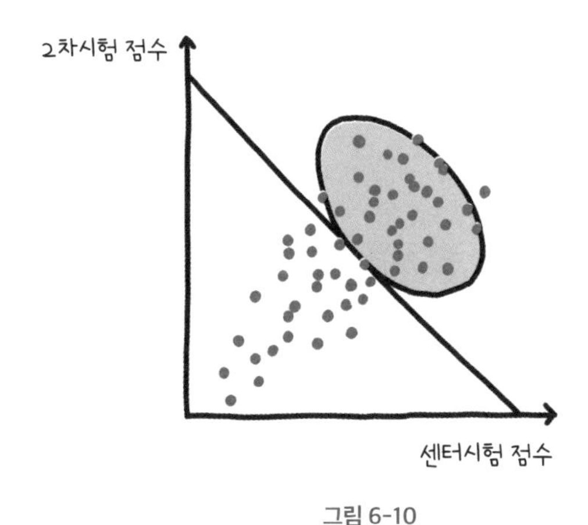

그림 6-10

다. 입학자가 아니라 수험자 전체를 모집단으로 설정했어야 합니다. 아마도 수험자의 점수 분포는 그림 6-9와 같은 모양이었을 겁니다. 이 그래프에서는 센터시험 점수와 2차시험 점수가 양의 상관관계를 나타내고 있습니다. 그런데 이 대학의 교수님들은 무슨 생각인지 입학자의 점수만을 데이터로 삼았습니다. 입학자는 센터시험 점수와 2차시험 점수를 더해 몇 점 이상이 되면 합격이 되는 방식으로 결정됩니다. 그림 6-10에서 타원으로 표시한 부분은 두 시험점수의 합계가 일정한 점수 이상임을 나타내고 있습니다. 이 부분이 입학자의 점수겠죠. 이 타원형 부분만 보면 입학자의 점수에서는 얼마든지 그래프가 오른쪽으로 떨어지는 음의 상관관계가 될 수도 있습니다. 수험자 전체로 보면 오른쪽 위로 올라가는 형태의 양의 상관관계인데도 샘플링 범위를 한정한 탓에 허상의 음의 상관관계가 부각된 것이죠.

이렇듯 상관관계를 파악하는 것은 중요하지만 어떤 집단을 모집단으로 삼느냐에 따라 엉뚱한 결과가 나오는 경우도 있습니다. 주의합시다.

상관관계를 따질 때 주의할 점-
덮어놓고 인과관계로 가지 않는다

두 번째로 주의할 점은 상관관계로부터 인과관계를 추론할 때는 신중하라는 것입니다. 상관관계는 데이터를 취합하면 눈에 보입니다. 키와 몸무게를 재면 둘 다 수치로 나타나고 그 수치를 그래프화하면 눈에 보이는 형태로 가공되어 상관관계가 있는지 없는지 알 수 있습니다. 상관관계는 눈으로 보고 직접 조사할 수 있는 데이터입니다.

그러나 인과관계는 눈으로 직접 볼 수 없습니다. 어떤 것이 어떤 현상을 일으키고 있다는 사실 자체는 눈에 보이지 않는다는 말입니다. 공 A가 공 B에 닿아 공 B가 움직였다고 해봅시다. 이때 눈에 보이는 것은 'A가 굴러온다. B에 닿는다. B가 움직이기 시작한다'와 같은 공의 일련의 움직임뿐입니다. 인과관계 자체, 그러니까 '공 A의 충돌이 공 B의 운동을 일으키는 모습'은 보이지 않습니다.

눈에 보이지 않는 것은 눈에 보이는 것에서 추론할 수밖에 없습니다. 우리는 이런 추론에서 자주 실수를 합니다. 다음 문제를 생각해볼까요?

> 당뇨병에 걸린 사람은 그렇지 않은 사람에 비해 수분 섭취량이 많다. 이 사실로 미루어 물을 지나치게 많이 마시면 당뇨병에 걸린다고 말해도 될까?

당뇨병에 걸린 사람은 그렇지 않은 사람에 비해 수분 섭취량이 많습니다. 데이터에 따르면 당뇨병이 심각한 사람일수록 물을 자주 마신다는 양의 상관관계가 나왔다고 합니다. 그러나 이 사실로부터 물의 과도한 섭취가 당뇨병의 원인이라고 판단하는 것은 잘못입니다. 가능성을 보자면 다음의 두 가지가 있습니다.

- 물의 과도한 섭취가 원인이 되어 당뇨병에 걸린다.
- 당뇨병이 원인이 되어 물을 너무 많이 마시게 된다.

당연히 실제로는 후자입니다. 물을 너무 많이 마셔서 당뇨병에 걸리는 것이 아니라 당뇨병에 걸리면 목이 마릅니다. 그래서 물을 많이 마시게 되는 것이고요. 즉 당뇨병이 물을 많이 마시게 하는 원인입니다. 이처럼 상관관계가 있는 것 중 어느 쪽이 원인인지 아닌지는 그 데이터만으로는 알 수 없기 때문에 주의해야 합니다.

상관관계에서 인과관계를 추론할 때-사례 1

상관관계를 나타내는 데이터에서 인과관계를 어떻게 추론할지는 과학적 내용을 응용할 때 굉장히 중요한 문제입니다. 문제현상 A와 별개의 현상 B가 상관관계에 있다고 가정해봅시다. 만약 B가 A의 원인이라면 A를 방지하기 위해 B를 줄이면 되지만, 반대로 A가 B의 원인이라고 한다면 B를 예방해도 A를 방지하는 데는 아무런 도움이 되지 않습니다. 앞의 예에서 '당뇨병을 예방하기 위해 물을 마시지 않도록 합시다'라고 말하는 것이 얼마나 잘못 짚은 것인지 잘 알겠죠?

하지만 행정기관은 비슷한 일을 자주 저지릅니다. 다음의 예는 사회학자 다니오카 이치로가 《'사회조사'의 거짓말》◆에서 소개한 내용입니다.

【사례1】

2003년판《후생백서》에서 1인당 다다미 수(주택의 넓이를 다다미 매수로 환산한 뒤 가족 수로 나눈 수치)가 12.9장으로 1위를 차지한 후쿠야마 현에서는 한 세대당 자녀수도 2.3명으로 가장 많은데다 전국적으로도 어느 정도의 상관관계가 나타나고 있어 저출산 대책으로 공공주택 등의 원활한 공급이 필요하다는 결론을 내렸다.

주택의 넓이와 한 세대당 자녀수는 양의 상관관계를 나타내고 있습니다. 여기서 행정기관은 주택의 넓이가 원인이 되어 자녀수가 많아졌다고 추론하고 있습니다. 그러나 역추론도 가능합니다. 아이들의 수가 많기 때문에 주택이 넓어진다고요. 일반적인 사고라면 이쪽이 그럴 듯하지 않나요?

상관관계로부터 인과관계를 추론하는 것은 과학자들에게도 상당히 어렵고 미묘한 작업입니다. 지구온난화 문제가 좋은 예가 될 것입니다. 현재 뜨거운 이슈이고 방대한 논점 때문에 부풀려진 감도 있어서 사실 지금부터의 이야기는 빙산의 일각일 뿐입니다만.

그림 6-11은 남극의 빙하 핵(빙하에서 시추한 얼음기둥)에서 추정한 과거 40만 년 동안의 기온과 대기 중 이산화탄소 농도 그래프입니다. 양쪽이 상관관계에 있다는 것이 보이시죠? 기온이 높을 때는 대기 중 이산화탄소 농도도 높고 반대로 기온이 낮을 때는 이산화탄소 농도도 낮습니다.

◆《'사회조사'의 거짓말「社会調査」のウソ》(분슌신서, 2000년)

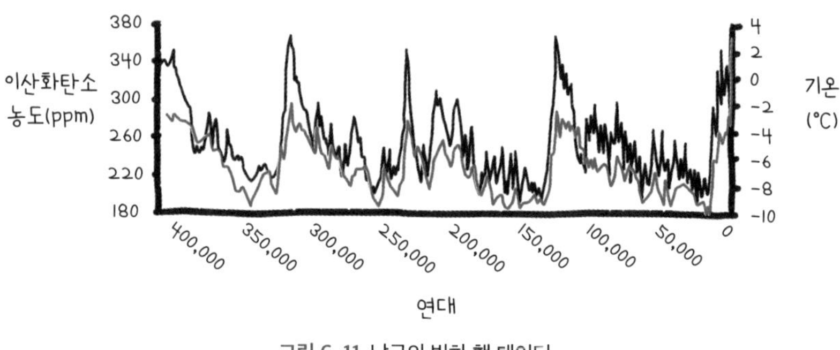

그림 6-11 남극의 빙하 핵 데이터

아하! 그렇다면 역시 온실가스인 이산화탄소가 지구온난화의 원인이구나! 하고 생각하고 싶지만 그게 그렇게 간단하지만은 않습니다. 우리가 아는 사실은 양쪽이 상관관계가 있다는 것뿐입니다. 무엇이 무엇의 원인인지는 이것만 보고 뭐라고 말할 수 없습니다. 화학적으로 이산화탄소에 온실효과가 있다는 사실은 밝혀졌습니다. 그러나 온도가 올라가면 해수면도 상승하고 바닷물에 녹아 있던 이산화탄소가 대기 중으로 방출되는 '온난화→이산화탄소 농도 상승'이라는 방향의 인과관계도 고려할 수 있습니다. 아마 양쪽 모두 이 상관관계에 기여하고 있을 것입니다. 무엇이 얼마만큼 기여하고 있는지는 역시 이 상관관계만으로는 말할 수 없습니다.

상관관계에서 인과관계를 추론할 때-사례 2

또 한 가지 사례를 들어보겠습니다. 역시《'사회조사'의 거짓말》에 소개된 내용입니다.

【사례2】

1998년 청소년들이 정크푸드를 먹는 빈도와 비행 정도에 상관관계가 있다고 보고됨에 따라 문부과학성이 '아이들의 화를 멈추기 위한 식사' 연구에 예산을 책정해 관련 정책을 추진하기로 했다는 소식이 보도됐다.

문장 그대로만 보면 비행 청소년일수록 과자나 컵라면 등의 정크푸드를 많이 먹는다는 데이터가 나왔다는 소식입니다. 당시 문부성은 정크푸드 섭취가 청소년 비행의 원인이라고 생각했죠. 그러니 제대로 된 밥을 먹이자는 취지에서 '아이들의 화를 멈추기 위한 식사' 연구를 예산화했다는 내용입니다.

가능성으로 보면 그럴지도 모릅니다. 정크푸드 안에 들어 있는 물질이 뇌에 어떠한 작용을 하고 있을지도 모르고요. 우리는 은연중에 공통의 원인을 찾으려고 합니다. 보통은 보호자의 양육태도를 떠올릴 테고요.

보호자가 아이를 별로 생각하지 않는다면 이상한 음식을 먹일 것이고 아이는 비행으로 치닫는다고 여기겠죠. 물론 정크푸드의 섭취율과 비행 정도에는 느슨한 인과관계가 있을 수 있고 혹은 제

3의 공통 원인이 있을 가능성도 고려할 수 있습니다.

물리학자인 기쿠치 마코토는 《더는 속지 않기 위한 '과학' 강의》◆에서 한 사례를 소개하며 현재 부처의 명칭이 '문부과학성'으로 바뀐 후에도 별다른 변화가 없다고 말합니다. 그 사례는 다음과 같습니다. 문부과학성은 '1999년도 전국학력·학습상황조사'에서 시험성적과 아침식사 빈도 사이에 양의 상관관계가 있다는 데이터를 얻었습니다. 정부공보 온라인(2009년 4월)에는 이 데이터를 공개하면서 이러한 내용도 함께 올렸습니다.

> 이렇게 다양한 효과가 있는 '아침밥'. 현재 농림수산성에서는 문부과학성이 추진하는 '일찍 자고 일찍 일어나 아침밥 먹기 국민운동', 그리고 관련 업계와의 연계를 통해 민관이 협력해 '아침밥 알람 캠페인'을 전개하여 조식 결식률이 높은 청장년층을 중심으로 매일 아침식사를 하도록 장려하고 있습니다.

마치 아침밥을 먹는 것이 좋은 성적을 받는 원인인 것만 같습니다. 물론 아침밥을 먹으면 시험 보는 동안 뇌에 포도당이 잘 공급될 것입니다. 그렇지만 기쿠치가 지적하듯이 생활태도와 가정환경이라는 제3의 요인을 함께 상정하는 편이 자연스럽습니다. 좋은 가정환경과 생활태도가 규칙적인 식생활과 양호한 성적의 공통 원인이라고 생각하는 쪽이 더 합리적이라고 봅니다.

◆《더는 속지 않기 위한 '과학' 강의もうダマされないための「科学」講義》(고분샤 신서, 2011년)

허상의 상관관계

그럼 다시 앞의 예로 돌아가 보호자의 양육태도와 같은 공통의 원인이 있는 경우 그래프는 어떤 분포를 나타낼까요? 만약 정크푸드 섭취율과 비행 정도 사이에 양의 상관관계도 음의 상관관계도 없다면 오른쪽으로 올라가지도 않고 오른쪽으로 내려가지도 않는 동그란 분포를 얻을 겁니다. 여기서 보호자의 양육태도라는 공통의 원인이 더 있다고 한다면 양육태도가 좋은 그룹과 나쁜 그룹은 각각 그림 6-12처럼 분포하겠죠. 이것을 보고 양육태도가 좋은 그룹만을 추출하면 정크푸드 섭취율과 비행 정도 사이에 상관관계가 없습니다. 양육태도가 나쁜 그룹만 추출해도 결과는 같습니다. 그런데 양쪽을 겹쳐놓으면(그림 6-13) 오른쪽으로 올라가는 형태

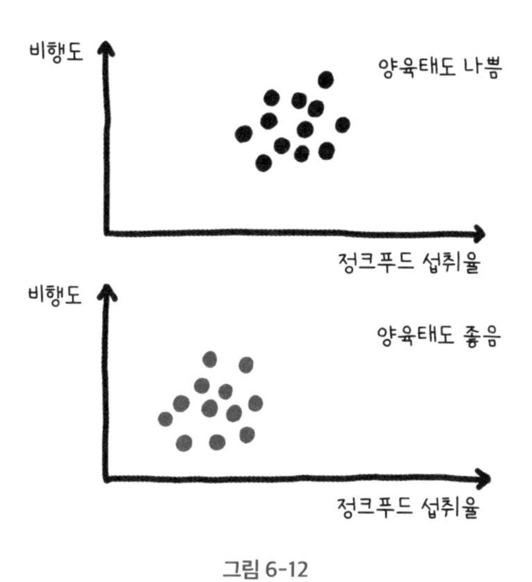

그림 6-12

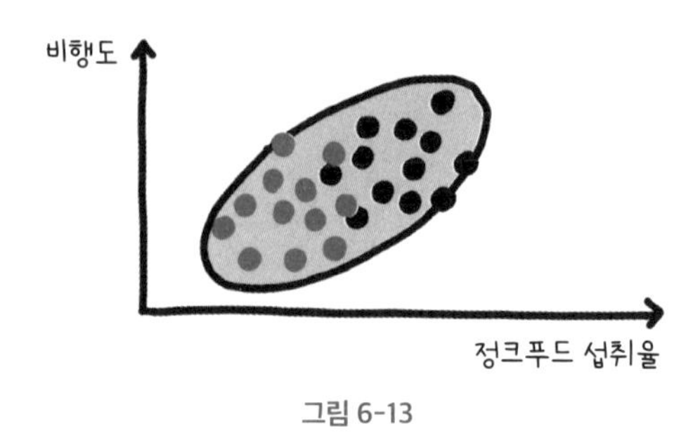

그림 6-13

의 상관관계가 나타나므로 정크푸드를 먹으면 먹을수록 비행으로 치닫는다는 잘못된 추론을 하게 됩니다.

과학적 데이터로서 손에 들어오는 것은 어떤 양과 어떤 양이 어느 정도의 상관관계를 갖는가 하는 것을 보여주며, 과학자들은 거기서부터 통제실험을 실시하거나 다른 통계 데이터를 활용해 그 배후에 있는 인과관계를 추측합니다. 이때 두 가지 변수 사이에 상관관계가 있다고 해서 한 걸음 건너 뛰어 그 둘 사이에 인과관계가 있다고 속단해서는 안 되겠죠.

과학을 제대로 이야기하기 위한 연습문제 | 10

사실은 지금까지 소개한 사례처럼 내용 없는 상관관계 만들기는 간단합니다. 어떤 기간 동안 시간에 따라 증가하는 수치를 하나 고릅니다. 그리고 같은 시기에 역시 시간에 따라 증가하는 다른 수치를 하나 더 고릅니다. 한쪽의 수치를 x축, 다른 한쪽을 y축으로 하고 그래프를 그리면 x의 증감과 y의 증감에 마치 상관관계가 있는 듯한 그래프가 그려집니다. 여러분들, 되도록 관계가 없어 보이는 두 수치를 찾아 내용 없는 상관관계 그래프를 가짜로 그려보세요.

6장에서 이것만은 알아두자!

- 가설과 이론을 확인하기 위한 실험은 대조군을 둔 통제된 실험이어야 한다.
- 가설의 검증에서 중요한 것은 확률의 높고 낮음이 아니라 상관관계가 있느냐 하는 것!
- 그러나 잘못된 샘플링 때문에 상관관계를 바로 파악하지 못하는 경우도 있다.
- 상관관계에서 인과관계로 쉽게 건너뛰어서는 안 된다. 그런 논리를 발견하면 인과관계를 역으로 따져보거나 공통의 원인에 따라 상관관계가 발생하는 건 아닌지 의심해보자.

1부 정리

지금까지 설명한 내용을 정리해봅시다.

우리는 이론과 사실이라는 이분법적 사고에 빠지면 안 된다(1장). 과학은 조금이라도 좋은 가설을 추구하는 행위다. 더 좋은 가설이 되기 위한 조건은 세 가지가 있다(2장). 설명에는 세 가지 패턴이 있는데, 이 패턴의 공통점은 '있는 그대로 주어진 사실'을 줄여나가는 것이다. 이를 통해 과학은 전체적으로 한 장의 그림으로 세계를 연결하고 있으며, 여기에 참여하려 하지 않는 분야는 유사과학적 경향이 있다고 말한다(3장).

눈으로 본 데이터로부터 세상의 보이지 않는 부분에 대해 이야기하는 데는 추론이 필요하다. 추론에는 연역적 추론과 비연역적 추론이 있다. 두 추론법은 진리 보존성과 정보량이라는 점에서 대조적 성질을 가지고 있다. 그것을 잘 조합함으로써 세상에 대해 새롭고 정확한 것을 말한다는 과학의 목적이 달성된다(4장).

가설의 검증을 위해서는 반증조건을 생각하는 것이 중요하다. 반증조건을 명확히 하지 않거나 애드혹하게 가설을 수정함으로써 가설을 지킬 수도 있는데, 이것은 유사과학의 특성이다. 애드혹하게 가설을 수정하여 가설을 지키려는 행위는 때때로 정통과학 안에서도 일어난다. 그러나 너무 지나치면 그 분야는 유사과학적 경향을 갖는다(5장). 검증을 위한 실험은 통제되어야 한다. 핵심은 높은 확률이 아니라 상관관계이기 때문이다. 하지만 상관관계가 밝혀져도 바로 인과관계로 건너뛰어서는 안 된다(6장).

***

이것이 제가 생각하는 '과학 리터러시'입니다. 과학의 최신 발표도 나오지 않았고, 레어메탈 이야기도, 생물의 역사 이야기도, 기억과 해마 이야기도 나오지 않았죠. 생각건대 여러분은 '과학을 통해 밝혀진 것'만 배워오지 않았을까 싶습니다. 제가 여기서 여러분이 배우셨으면 하는 것은 과학은 어떻게 발전하는가, 과학은 어떤 특징을 가진 행위인가, 과학자는 어려운 상황에서 어떻게 판단하는가 하는 것입니다. 고등학교 교과과정에서는 거의 가르치지 않는 내용들이죠. 하지만 과학·기술시대를 사는 시민들에게 과학의 내용과는 구별되는 '과학이란 어떤 활동인가'에 관한 지식은 매우 중요하다고 생각합니다. 왜냐하면 이것이야말로 과학자가 아닌 시민들에게 아마도 유일하게 쓸모 있는 지식이기 때문입니다.

자, 그럼 우리는 1부에서 배운 지식을 활용해 무엇을 하면 좋을까요? 그리고 1부에서 알게 된 새로운 과학 리터러시를 어떻게 확장해야 할까요? 이 질문이 2부의 주제입니다.

2부

과학자가 아니어도 쓸데 있는 과학 리터러시

7장

과학자도 아닌데 왜 과학 리터러시를 알아야 할까?

질문할 수 있다

1부에서는 과학이 어떤 방법으로 실행되는가에 관해 주로 과학사 안에서 선정한 주제를 바탕으로 설명했습니다. 사실 과학에서 말하는 '방법'은 분야마다 모두 제각각입니다. 또 과학이란 무엇인가, 과학의 목적은 무엇인가라는 거대한 질문에 대한 답도 사람에 따라 저마다 다릅니다. 그렇지만 1부에서 설명한 중간 수준의 '방법론'은 비교적 많은 과학자들 사이에서 공유되고 있습니다. 과학자들이 친밀한 동료관계를 유지하고 분야를 넘어서 다른 과학자의 연구에 코멘트할 수 있는 것은 이러한 중간 수준의 방법론을 확실히 공유하고 있기 때문입니다.

자, 이제 2부에서는 1부에서 설명한 내용을 응용해보겠습니다. 방사능 피폭 리스크처럼 과학·기술과 사회와의 경계선상에서 발생하는 현실 문제를 고민하면서, '질문할 수 있는 시민의 과학 리터러시'를 정리해보는 구성으로 진행합니다. 먼저 7장에서는 과학자도 아니고 과학자가 될 생각도 없는 우리 일반시민들이 왜 과학 리터러시처럼 골치 아픈 것을 익혀야 하는지, 그 이유를 생각해보겠습니다.

공무원이라면 아마 이렇게 생각하셨죠. 정부 주도 과학·기술 노선을 견지하려면 아이들을 우수한 과학자, 우수한 기술자로 길러 국제 경쟁력을 높여야 한다고 말입니다. 1980년대부터 1990년대까지 젊은이들의 이과 기피현상이 두드러지자 이런 논의가 눈에 띄게 나타났습니다.◆ 과학에 대한 아이들의 꿈을 키운다는 방침이죠. 그러려면 보호자에게도 어느 정도의 이해가 필요하고, 따라서 일반 시민에게 과학 리터러시가 필요하다는 관점이 대두되었습니다.

이것도 일리가 있습니다. 그럼 아이가 없는 사람들에게는 과학 리터러시가 필요 없을까요? 그렇지 않습니다. 어른들에게는 누구도 빠짐없이 과학 리터러시가 필요합니다. 왜냐하면 '우리가 안고 있는 문제를 과학·기술의 전문가들끼리만 해결하도록 맡겨두어서는 안 되기 때문'입니다.

과학만으로는 해결할 수 없는 문제 첫 번째 : 과학 자체가 인류의 희소자원

과학과 기술이 인류가 손에 넣은 가장 효율적이고 합리적인 문제 해결 수단이라는 사실을 우리는 의심하지 않습니다. 천연두와 페스트를 비롯한 감염증의 극복, 자동차나 비행기 등의 수송수단을 떠올려보면 명백합니다. 또한 이 세상이 어떤 이치로 움직이는지

◆ 우리나라에는 2000년대부터 나타났다_편집부

알기 위한 가장 뛰어난 수단이 과학입니다. 그렇지만 '과학과 기술만으로 해결할 수 없는 문제'가 반드시 남습니다. 제가 강조하고 싶은 대목이 바로 여기입니다. 이런 문제는 세 가지로 나뉩니다.

먼저 영화 두 편을 비교해볼까요? 공룡을 멸종시킨 것과 같은 크기의 운석이 지구로 날아오면서 인류가 멸망할 위기를 맞는다는 영화가 있습니다. 1998년에는 이런 줄거리의 영화가 왜인지 두 편이나 개봉했습니다. 하나는 미미 레더 감독의 〈딥 임팩트〉, 또 하나는 마이클 베이 감독의 〈아마겟돈〉. 문제의 운석이 발견되자 나사NASA가 우주선을 만들고, 그 우주선에 핵탄두를 싣고 날아간 영웅이 자신의 목숨과 맞바꾸며 운석을 폭발시켜 지구는 위기를 피합니다. 천만다행이었죠. 과학과 기술, 영웅적 자기희생으로 문제가 해결된다는 대목까지 두 영화가 똑같습니다.

그러나 〈딥임팩트〉는 똑똑한 사람을 위한 영화이고 〈아마겟돈〉은 바보를 위한 영화입니다. 〈딥임팩트〉는 〈아마겟돈〉에 없는 중요한 요소를 그리고 있습니다. 무엇일까요?

미국 정부는 운석파괴 계획과 함께 100만 명을 수용할 수 있는 거대한 대피시설을 건설했습니다. 이 대피시설에서 운석의 충돌로 인한 거대 지진해일을 피하겠다는 계획이었죠. 100만 명 수용은 말도 안 되게 엄청난 규모입니다. 이 정도의 건축물을 단기간에 완성하려면 과학과 기술의 힘이 꼭 필요합니다. 그야말로 과학 만세, 기술 만세라도 불러야 할 상황입니다.

하지만 100만 명이라고 해봐야 전 국민의 겨우 1퍼센트에도 미치지 못합니다. 나머지 99퍼센트 이상의 국민들은 죽을 수밖에 없습니다. 미국 대통령은 누구는 살고 누구는 죽을 수밖에 없는 상황에서 '선택'이라는 결단을 해야 합니다. 이제 어떤 결정을 내려야 할까요? 이런 이야기적 요소가 <아마겟돈>에는 통째로 빠져 있습니다. 얼마나 바보 같은 영화인가요?

과학·기술로는 해결할 수 없는 첫 번째 문제는 '과학과 기술 자체가 희소자원'이라는 사실입니다. 대피시설은 물론 과학의 은총입니다. 하지만 그것이 모두에게 가 닿지는 못합니다. 그렇다면 누가 우선적으로 과학의 은총을 받아야 할 것인가 하는 문제가 대두되겠죠. 예술가가 우선적으로 대피시설에 들어가야 할까요? 그렇다면 아름다움이라는 가치를 평등이라는 가치보다 우선으로 생각하는 셈입니다. 다음 사회에 전해야 할 가치는 무엇인가, 어떤 사회가 지속될 만한 사회인가. 이러한 문제는 원리적으로 과학이라는 틀을 벗어날 수밖에 없습니다.

과학만으로는 해결할 수 없는 문제 두 번째 : 트랜스-사이언스적 문제

두 번째 문제는 트랜스-사이언스적 문제입니다. 이 개념을 최초로 제안한 사람은 미국의 핵물리학자 앨빈 와인버그Alvin Weinberg입니다. 1972년의 일이었죠. 과학과 정치의 영역이 점점 구별하기 힘들어지고 서로 교차하는 영역이 확대되고 있다며 이 영역을 트랜스-사이언스trans-science라고 부른 것입니다. 와인버그에 따르면 트랜스-사이언스 영역은 '과학에 질문을 던질 수는 있지만 과학으로 대답할 수 없는 문제'입니다.◆ 예를 들어볼까요?

'원자력발전소 전체에 전력이 공급되지 않으면 심각한 사태가 벌어지는가?'에 대해서는 모든 전문가가 의견이 일치하는, 과학적으로 해결 가능한 문제입니다. 또 정확한 예측은 힘들지만 매우 낮은 확률로 발생할 사건이라는 점에 대해서도 의견이 거의 일치할 것입니다. 그러나 '원자력발전소 전체에 전력이 공급되지 않을 가능성을 무시해도 되는가, 그게 아니라면 그 가능성에 대비해야 하는가?'에 대해서는 과학만 가지고서는 답할 수 없습니다. 그 가능성에 대비하기 위한 비용과 심각한 사태가 일어났을 때의 비용을 누가 부담할 것인가 하는 '가치판단'도 포함하고 있기 때문입니다.

트랜스-사이언스적 문제는 크게 세 가지로 정리할 수 있습니다.

① 지식의 불확실성과 해답의 현실적 불가능성으로 인해 해결할 수 없다.
② 대상이 처음부터 불확실한 성질을 가지고 있으므로 해결할 수 없다.
③ 가치판단과 연관되는 것을 피할 수 없으므로 해결할 수 없다.

원전사고에 관해 발생하는 문제는 이 특징들이 모두 해당됩니다. ①은 1부에서 강조했었죠? 과학은 회색영역에서 조금씩 나아간다는 논점과 관련이 있습니다. 방사선이 인간의 건강에 어느 정도 위협이 되는지에 대해서는 모르는 것투성이입니다. 그러나 대

◆ <Science and Trans-Science>(Alvin M. Weinberg, 《Minerva》, Vol.10, no.2)

피 범위와 식품안전기준에 대해서는 결단을 내려야 하죠. 또 시간이라는 요소도 관련 있습니다. 과학이 문제를 가려내는 데 시간이 걸리기 때문입니다. 그러나 문제는 기다려주지 않고 발생합니다. 과학적으로 보면 확실성이 비슷한 대립가설 중 어느 가설을 사용해 문제를 해결해야 할까요? 여기에는 과학적 사고를 넘어선 '경제적·사회적·윤리적 사안'도 포함될 수밖에 없습니다.

그다음 '대상이 처음부터 불확실한 성질을 가지고 있으므로 해결할 수 없다'는 ②에 대해서 생각해보겠습니다. 원자력발전소는 매우 복잡한 구조를 갖고 있습니다. 우리는 후쿠시마 원전사고 이후 몇 번이나 원자로의 구조도를 봤지만, 그것은 생략된 게 많은 그림입니다. 실제로는 굉장히 많은 배관이 설치되어 있습니다. 원자로 내부에서 물의 움직임도 복잡한 계통으로 되어 있습니다. 복잡할수록 불확실성이 높아집니다. 외부에서 제대로 컨트롤하는 것도 쉬운 일이 아니죠.

바로 앞에서 이야기한 원전의 사고 가능성과 예방 비용, 사고 후 처리 비용에 관한 문제는 '가치판단과 연관되는 것을 피할 수 없으므로 해결할 수 없다'는 ③에 해당합니다. 이밖에도 여러 문제가 있겠죠. 원전에서 최종적으로 배출된 핵폐기물을 안전하게 관리하는 데는 몇 만 년이라는 시간이 걸립니다. 물론 비용도 필요하고요. 그렇다면 그런 부담을 미래 세대에게 전가해도 되는가 하는 문제도 있습니다. 이것은 '가치와 윤리의 문제'입니다.

과학만으로는 해결할 수 없는 문제 세 번째 : 과학과 기술 자체가 문제

과학의 문제해결 능력에는 한계가 있습니다. 심지어 문제해결 수단임이 분명한 과학과 기술 자체가 새로운 문제를 낳기도 합니다. 이것이 세 번째 부류입니다. 이 경우 과학'으로' 어떻게 해보자는 것보다 과학'을' 어떻게 해야 하는지가 심각한 문제가 됩니다.

이런 종류의 문제가 발생하는 이유는 주로 두 가지입니다. 첫째, 새로운 기술은 행위의 선택지를 넓혀줌으로써 윤리의 공백지대를 가져옵니다. 과거에는 임신을 하면 일단 낳는 수밖에 없었습니다. 출산 후에 장애가 있다는 것이 밝혀질 경우 부모는 아이를 귀하게 키우고 사회는 그것을 지원하는 것이 윤리적인 선택일 것입니다. 그러나 지금은 양수검사, 융모검사◆ 등 이른바 산전검사가 가능해졌습니다. 엄마의 태내에 있을 때부터 아이가 출산 후에 가질 수도 있는 장애에 관해 어느 정도 예측할 수 있게 되었죠. 이렇게 지금까지 불가능했던 일이 가능해지면 규칙이 미리 준비되어 있지 않은 영역이 확대됩니다. 낳아야 하는가, 임신중절수술을 해야 하는가 등의 문제가 대두됩니다.

다른 예로 머리가 좋아지는 약이 개발되었다고 해봅시다. 이것은 꿈이 아닙니다. 스포츠 대회에서 근육 증강제를 사용한 선수는

◆ 태반의 전신인 융모를 채취해 염색체 분석으로 태아의 기형 여부를 알아보는 검사를 말한다_옮긴이

실격되거나 페널티를 받습니다. 그렇다면 시험 전에 머리가 좋아지는 약을 복용한 수험생에 대해서는 어떻게 해야 할까요? 현재로서는 이와 관련된 규정은 없습니다.

둘째, 기술은 본질적으로 불완전한 상태로 사회에 보급된다는 점입니다. 2011년 동일본대지진 당시 원자력안전위원회위원장이었던 마다라메 하루키斑目春樹가 위원장에 취임하기 전인 2006년에 가마나카 히토미 감독의 기록영화 〈롯카무라 랩소디六ヶ所村ラプソディー〉에서 취재에 응하며 다음과 같이 말한 적이 있습니다.

마다라메 기술은 말이죠, '어쨌든 잘 모르겠지만 우선 해보자'는 요소가 아무래도 있을 수밖에 없습니다. 그래서 '안 돼, 위험해' 하는 상황이 되면, 조금이라도 그 징후가 있다면, 그때 손을 쓰자는 거죠. 섬뜩한 일입니다.

원자력도 그렇습니까?

마다라메 원자력도 분명 그런 부분이 있습니다. 사실, 예를 들어서 말입니다. 원자력발전소를 설계했을 때는 응력부식균열, 그러니까 SCCStress Corrosion Cracking 같은 건 몰랐거든요. 그런데 아직도 그렇게 모르는 것이 많으니까, 안전율이라고 해야 하나, 아무튼 아주 여유 있게 설계하고 나서야 그 여유 안에 다 들어갈 수 있을까 하고 생각하기 시작한 겁니다. 그러는 와중에 SCC가 발생한 거예요. 그래서 확인해보니까, 뭐, 이건 그 여유 안에서 수습이 가능해서 다행이네, 정말 다행이야.

…… 지금까지 다행이다, 다행이야 그런 식으로 온 겁니다. 그렇지만 다행이지 않은 시나리오도 있지 않습니까? 하는 말을 들을 날이 올 거란 말이에요. 그때는 원자력발전소가 멈추겠죠.

마다라메에 대해서는 후쿠시마 원자력발전소 사고 이후 여러 가지 말이 많지만 어쨌든 이 발언은 기술의 중요한 성질을 지적한 것입니다.

원자로의 구조와 배관에는 스테인리스 스틸이 사용됩니다. 이러한 강재는 표면에 얇은 녹처럼 막이 있어 내부가 보호되고 부식이 진행되지 않습니다. 그런데 비등수형 원자로가 전 세계에서 가동된 1947년 무렵부터 배관에 응력부식균열SCC 현상이 관찰되기 시작했습니다. 이것은 용접할 때와 기계절삭 때 생긴 균열, 즉 인장응력◆이 재료 안에 남아 있다가 화학반응인 부식현상과 맞물리면서, 파괴될 만큼 강력한 힘도 아니고 전면 부식이 발생할 조건이 아닌데도 부식이 계속 진행되어 붕괴에 이르는 현상입니다.

중요한 것은 이 현상이 원전이 가동되고 나서 발견되었다는 사실입니다. 이런 종류의 예가 손에 다 꼽지 못할 정도로 많습니다. 고전적인 예로는 미국 워싱턴 주에 있던 타코마 다리 붕괴사고가 있습니다. 이 장대한 현수교는 1940년 3월 완공으로부터 8개월 후인 11월 7일에 고작 풍속 19미터의 옆바람에 붕괴되었습니다. 당시 유체역학 전문가인 시어도어 폰 카르만Theodore von Kármán,

◆ 물체를 늘리려는 힘에 의해 물체 내부에 축적된 힘을 말한다_옮긴이

조지워싱턴 다리 설계사인 오트마 암만Othmar Ammann, 금문교 설계자 조지프 스트라우스Joseph Strauss 등 쟁쟁한 전문가들이 사고조사위원회에 모여 내놓은 결론은 '미지의 원인에 의한' 것이었습니다. 나중에 범인은 카르만와류Karmann's Vortex◆와 자려진동Self-introduced/exited Vibration◆◆이라는 사실이 밝혀졌죠.

그밖에도 2차 세계대전 때 운항 중이던 군함이 정중앙에서 두 부분으로 뚝 하고 부러진 사고로 저온취성파괴◆◆◆가 주목받기도 했고, 코메트Comet◆◆◆◆ 기 추락사고가 연달아 일어나면서 금속피로파괴◆◆◆◆◆가 알려지는 등 이미 전 세계에 공개된 기술에서 사고가 일어나 문제가 발견된 일이 많습니다.

이런 일은 기술의 숙명과 같은 것입니다. 생길 수 있는 모든 상황을 미리 고려해 완벽한 안전을 확인한 후에 출시하는 방법으로는 어떤 기술도 발전하지 못했을 것입니다. '어쨌든 잘 모르겠지만 일단 해보자'고 세상에 발표한 뒤에 때로 사고가 일어나는 바람에 문제가 알려지는 사례가 이렇게 많습니다. 그런 의미에서 기술의 도입은 비전문가를 포함한 사회 전체가 실험에 참여하는 '사회적 실험'의 특징을 가질 수밖에 없습니다.

◆ 유체 안에서 기둥 모양의 물체를 움직였을 때 물체 양쪽 끝에서 서로 반대 방향으로 소용돌이 패턴이 발생하는 현상을 말한다_옮긴이

◆◆ 일정 방향의 외력이 가해짐으로써 진동이 지속적으로 유발되는 현상이다_옮긴이

◆◆◆ 금속이 어느 온도 이하에서 급격하게 약해서 파괴되는 현상을 말한다_옮긴이

◆◆◆◆ 영국이 만든 세계 최초의 제트여객기다_옮긴이

◆◆◆◆◆ 금속 표면에 난 작은 흠집을 중심으로 진동이 있을 때마다 그 주변부가 지속적으로 힘을 받아 파괴되는 현상을 말한다_옮긴이

비전문가도 공범이다

지금까지 과학과 기술만으로는 해결할 수 없는 세 가지 문제에 대해 설명했습니다. 이처럼 원리적으로 과학을 벗어난 문제가 있고, 현실적으로 과학을 벗어날 수밖에 없는 문제가 있습니다. 그리고 과학·기술 자체가 우리에게 던지는 문제가 있습니다. 다음 질문은 그럼 '이 문제들을 고민하는 것은 누구인가' 하는 점입니다.

답은 이미 알고 있으리라 믿습니다. 여러분을 포함한 사회 전체가 고민해야 합니다. 이 문제들을 과학자와 기술자, 전문가들에게만 맡겨두는 것은 위험합니다. 과학과 기술은 끊임없이 온정주의에 빠질 위험성이 있습니다. 온정주의Paternalism◆란 전문가가 당신들의 문제를 고민해줄 테니 비전문가들은 따라오라는 식의 태도를 말합니다. 패전 직후 일본에서는 이런 가치관이 과학자들 사이에서 위세를 떨쳤습니다.

> 자연과학이 가장 유효하고 가장 실력 있고 가장 진보한 학문이라는 것은 만인이 인정하는 부분이다. 이렇게 뛰어난 학문을 올바르게 파악하고 올바르게 추진하고 있는 자연과학자는 가장 능력 있는 사람들이며, 이들의 생각은 반드시 일반인을 이끄는 것이어야 한다.

◆ 정부, 기업 등의 조직이 그 구성원을 가부장적 가족관계 모델에 따라 보호하고 규제하는 체계를 뜻한다_옮긴이

이 글을 쓴 다케타니 미쓰오武谷三男는 고바야시 마코토小林誠와 마스카와 도시히데益川敏英◆의 스승격인 사카타 쇼이치坂田昌一와 함께 전전과 전후 일본의 원자핵과 소립자론 연구를 이끈 물리학자입니다. 전전부터 반파시즘 입장에 서서 활동했고 특별고등경찰에 검거되었을 때도 비전향을 관철한 존경받는 인물이죠. 인용한 대목은 1946년에 작성된 논문 〈혁명기에 있어서의 사유의 기준〉의 한 구절입니다.◆◆ 과학정신을 체현한 과학자가 선두에서 일반인을 이끌어 일본의 민주적 혁명을 이루어내자는 의지를 말하고 있습니다.

심정은 이해합니다. 2차 세계대전 발발 전 거리의 민중들이 갑자기 파시즘의 주역으로 변신하는 모습을 질릴 정도로 경험했기 때문이겠죠. '대중은 신뢰할 수 없다. 과학적 정신을 체현한 양심적 과학자가 나설 때다'라고 말하고자 한 의도가 이해는 됩니다.

그러나 현대는 이런 온정주의가 유효하지 않습니다. 온정주의는 긴 안목으로 보면 반드시 전문가의 목을 조르는 결과를 낳습니다. 온정주의에는 공범자가 있습니다. 바로 비전문가입니다. 과학자가 '아무 말도 하지 말고 전문가에게 맡기십시오'라고 하면 비전문가들도 '마음대로 하세요'라며 과학자에게 전부 다 맡겨버립니다. 그런 공모는 굉장히 위험합니다. 이렇게 되면 애초에 과학만

◆ 2008년 둘은 함께 노벨 물리학상을 받았다_편집부

◆◆《과학과 기술(다케타니 미쓰오 저작집 4권)科学と技術(武谷三男著作集4)》 12쪽(게이소쇼보, 1969년)

으로는 해결할 수 없는 문제에 대해 과학자들끼리 판단하도록 강요하는 결과가 되기 때문입니다.

상징적인 예가 광우병입니다. 1986년 최초로 감염우가 확인되고 2년 후, 영국 정부는 리처드 사우스우드Richard Southwood라는 옥스퍼드대학교의 동물학자를 위원장으로 선임하여 검토위원회를 발족했습니다. 그러나 당시 과학의 최첨단 지식으로도 광우병에 대해 확실하게 말할 수 있는 것은 아무것도 없었습니다. 그럼에도 불구하고 사우스우드에게는 목축업을 포함한 정책적 판단까지 맡겨졌습니다. 1989년 검토위원회는 광우병 감염우의 발생은 향후 많아도 2만 마리에 불과하며 인간에 대한 감염 위험성은 없다는 보고서를 제출합니다. 이 보고서가 이후 정책의 근거가 되어 영국 정부는 곧바로 안전선언 발표를 단행합니다.

그러나 예측은 빗나갔습니다. 감염우 발생은 계속해서 늘어나 정점을 찍은 1992년에는 1년 만에 3만 7,000마리의 감염이 확인되었습니다. 나아가 1996년까지 감염우 섭취가 원인으로 보이는 변이형 크로이츠펠트 야콥병(인간 광우병)이 10건이나 발생하여 결국 정부가 안전선언을 철회하는 사태가 발생했죠.

과학자들은 '전부 다 맡긴다'는 말을 들으면 난감합니다. 책임을 넘긴 우리도 곤란해지죠. 이것이 온정주의의 위험성입니다. 평소에는 전문가들에게 내맡겨두고 무슨 일만 발생하면 어용학자 꼬리표를 붙여 무릎 꿇고 사죄하도록 만드는 일을 언제까지 반복할 생각인가요?

자, 그럼 왜 과학 리터러시를 익혀야 할까

트랜스-사이언스적인 문제를 어떻게 해결해야 할까요? 와인버그는 이렇게 말합니다.

> 전문가의 역할과 시민의 역할을 구별한다. 전문가는 트랜스-사이언스적인 문제를 가능한 한 과학의 문제로 해결할 수 있도록 연구해야 한다. 그리고 해결할 수 없는 부분에 대해서는 어디까지 과학과 기술로 밝혀낼 수 있고, 어디서부터 밝혀낼 수 없는지를 명확히 해야 한다.

여기까지가 전문가의 일이라는 것입니다. 그래도 남는 문제에 대해서는 이해관계자, 시민을 포함한 공공의 토의를 거쳐 의사결정을 해야 한다며 시민의 역할을 강조합니다.

이 발언에 대한 제 생각은 이렇습니다. 이 발언에서 전문가의 역할에 관해서는 조금 의문이 있습니다. 트랜스-사이언스적 문제는 가능한 한 과학의 문제로 해결할 수 있도록 해야 한다는 의견에 저는 찬성하지 않습니다(이유는 나중에 설명하겠습니다). 하지만 뒤의 의견에는 동의합니다. 과학과 기술에 관한 사회적 의사결정에 시민도 참여해야 한다는 데에는 찬성합니다.

트랜스-사이언스적인 문제가 일어났을 때 과학자의 문제제기 방향과는 다른 각도에 서서 문제에 대해 적절하게 질문하고, 납득이 갈 때까지 설명을 요구하고, 들은 후에 그 이해를 바탕으로 자신이 어떻게 해야 하는지, 사회가 어떻게 해야 하는지 선택하는 행동은 시민이 실천해야 할 일입니다.

이러한 시민의 역할을 두고 과학철학자 고바야시 타다시小林傳司는 '과학기술의 시빌리언 컨트롤civilian control'이라고 표현했습니다. 과학은 근대가 발명한 다양한 문제해결 수단으로 가장 강력한 것 중 하나입니다. 근대가 궁리해낸 문제해결 수단에는 그밖에 군대가 있습니다. 군대가 시민의 통제에서 멀어져 폭주하면 굉장히 위험합니다. 그래서 군대를 군인 이외의 통제 아래 두는 시스템을 만들었습니다. 이것이 바로 시빌리언 컨트롤입니다.

과학은 군대와 어깨를 나란히 할 만큼 강력하고, 그래서 폭주하면 더욱 위험합니다. 따라서 과학을 시민사회의 통제 아래 놓을 필요가 있습니다. 통제의 주체는 궁극적으로 시민입니다. 그러므로 '시민은 과학을 놓고 시빌리언 컨트롤이 가능할 정도의 과학 리터러시를 갖추고 있어야' 합니다. 이것이 제가 모든 시민이 과학 리터러시를 익혀야 한다고 생각하는 이유입니다. 시빌리언 컨트롤이라고 하면 과학자가 시민의 명령에 따라 움직일 것만 같은 이미지 때문에 누군가는 싫어할지도 모릅니다. 그래서 최근에는 과학기술 거버넌스라는 용어를 사용하기도 합니다. 하지만 저는 누가 거버넌스의 주체인지 명확하게 밝히고 싶기 때문에 시빌리언 컨트롤이라는 표현을 쓰고 있습니다.

한편 과학자 맞은편에 서 있는 존재로 지금까지 '시민'이라는 말을 써왔는데 '시민은 대체 누구를 말하는 거야?' 하고 생각한 독자도 있을 것 같습니다. 시민의 개념은 이 책의 마지막 장에서 설명하겠습니다. 우선은 '과학에 관한 비전문가'라고 생각하세요.

시민의 과학 리터러시는 지식의 양에 있지 않다

그렇다면 과학 리터러시의 내용은 무엇일까요? 시민은 과학자가 아니므로 과학적으로 문제를 해결하기 위한 리터러시가 필요한 것은 아닙니다. 과학자와 같은 방식으로 사고하는 것이 시민의 역할은 아니겠죠. 과학지식의 양적인 측면에서도, 물론 지식이 있다면 그보다 더 좋을 수는 없겠지만, 그다지 본질적인 것은 아닙니다.

시민에게 필요한 것은 '과학이 어떤 식으로 발전해나가는가', '과학이 어떤 식으로 정책에 반영되고 있는가', '과학은 어떤 사회적 상황이 발생하면 병들어가는가'에 대한 지식입니다. 원자력발전의 경우도 그렇습니다. 어떤 사회적 상황에서, 어떤 섹터의 역학관계 안에서 유사과학적 경향을 지닌 위험한 기술로 변하는가? 이러한 메타 과학적 지식이 시민의 과학 리터러시에서 중요한 부분을 차지합니다.

이러한 활동을 우리는 계속 놓치고 있었습니다. 전형적인 시도가 1985년 시작된 미국의 과학교육 개혁 프로젝트 '모든 미국인을 위한 과학Science For All Americans'입니다. 국민의 과학 리터러시를 함양하기 위한 이 프로젝트는 미국의 모든 시민이 갖추어 할 과학의 기초교양 목록을 만들고자 했습니다.

다양한 분야의 분과회를 발족해 알고 있어야 할 최소한의 과학적 지식을 모으는 시도였죠. 그런데 그렇게 각 분야에서 제출한 최소한의 지식을 모아보니 모든 분야에서 너무 많은 내용이 선정되어 그것을 전부 알고 있는 사람은 아무도 없지 않느냐는 말이 나오는 상황이 되었습니다. 그렇게 이 프로젝트는 좌절하고 말았죠.

이러한 이유로 전후 미국에서 시도되어온 다양한 교육 프로그램이 시민의 '과학 리터러시'를 함양하지는 못했습니다. 시민이 갖추어야 할 과학 리터러시를 지식의 양으로 정의하고자 하는 시도 자체가 무리라는 사실을 알게 되었고, 게다가 어느 시점의 '필수 지식'이 10년이 지나면 낡아버리는 경우도 있기 때문에 전체 내용이 점점 진부해집니다. 기술의 발전은 비전문가에게는 좀처럼 전체 구조를 파악하기 힘든 블랙박스가 늘어나는 일과 같죠. 이러한 쓰디쓴 인식을 발판 삼아 핵물리학자이자 전미과학교사협회의 회장을 맡은 모리스 섀모스Morris H. Shamos는 1995년에 《과학 리터러시라는 신화》◆라는 책을 펴냄으로써 모든 국민의 과학 리터러시 향상은 그림의 떡이라는 총평을 내렸습니다.

섀모스는 국민의 20퍼센트에게는 이른바 과학 리터러시를 전하고 나머지 80퍼센트에는 과학 어웨어니스awareness를 전하자고 제안합니다. 섀모스의 논의를 일본에 소개한 과학역사학자 스기야마 시게오杉山滋郎도 말하듯이 어웨어니스(과학에 대한 관심과 높은 의식)는 내용이 모호합니다.◆◆ 그러나 섀모스가 말하는 어웨어니스의 많은 부분이 이 책에서 도입한, 과학의 시빌리언 컨트

◆ 《The Myth of Scientific Literacy》(Rutgers University Press, 1995)

◆◆ 〈과학교육-진짜 문제는 무엇인가〉(《과학론의 현재》 4장(스기야마 시게오 외 편저, 게이소쇼보))

롤을 수행하기 위한 능력과 겹친다는 것은 확실합니다.

결론을 말하자면, 진정한 시민의 과학 리터러시에서 중요한 것은 과학이 창출한 결과물에 대한 지식보다 1부에서 해설한 메타 과학적 지식입니다. 과학과 기술이라는 행위의 특성을 아는 것, 과학자들의 활동을 제대로 평가하고 비판할 수 있는 것, 전문가의 신뢰도를 체크할 수 있는 것, 한마디로 사회 속에서 현재의 과학과 기술에 대해 적절하게 이의를 제기할 수 있는 능력이 시민에게 중요하다는 것입니다. 과학 관련 사업의 조정에 참여하고 그것을 더 견고한 제도로 육성할 수 있는 능력, 적절한 퍼블릭 코멘트를 할 수 있는 능력 등이 시민의 과학 리터러시에 포함됩니다.

과학 리터러시를 어떻게 활용하지?

여기까지 읽은 독자 가운데 이런 의문을 품는 독자도 있을 것 같습니다.

'시민의 과학 리터러시가 과학기술의 시빌리언 컨트롤을 위한 것이라는 것은 알겠다. 그리고 그 리터러시의 내용은 과학지식이 아니라 과학의 현재, 기술과 사회의 관계에 관한 메타 과학적 지식이라는 것도 알겠다. 리터러시를 익히면 유사과학적 경향의 가짜 상품이나 의심스러운 정보에 속지 않고 오컬트에 빠지지 않는다는 것도 알겠다. 그렇지만 그것을 어떻게 활용해서 본래의 목적인 시빌리언 컨트롤에 활용하는 거지?'

지당합니다. 시민에게 과학 리터러시를 익히도록 하는 것은 전체 과정에서 절반에 불과합니다. 다음 단계로 나아가야죠. 리터러시를 익힘으로써 시민이 과학기술에 관한 사회적 의사결정에 확실히 참여하여 영향력을 행사하는 시스템을 만들어야 합니다.

그러한 움직임은 느리지만 확실히 시작되고 있습니다. 이제 그 이야기를 해야겠네요. 지진피해와 원전사고로 인해 늦어지긴 했지만 일본 정부는 과학기술 거버넌스에 관한 시민참여를 언급한 바 있습니다. 2011년 8월 19일 정부각료회의에서 결정된 '제4기 과학기술기본계획'은 전 지구적 문제의 현실화, 자원획득 경쟁의 격화, 신흥국의 대두와 경제의 글로벌화 등 '세계적 변화'가 진행되고 있는 가운데 동일본대지진 사고에 따른 피해, 저출산 고령화와 인구 감소에 따른 활력 감소, 산업 경쟁력의 장기침체 경향을 일본이 처한 미증유의 위기로 보고 있습니다. 이 위기를 극복하기 위해 과학기술의 이노베이션을 통해 국가적 과제를 적극 추진하자는 것이 전체적인 분위기입니다. 여기에는 주목할 만한 부분도 있습니다.

이 계획의 5장 '사회와 함께 만들어나가는 정책의 전개'의 하위 항목인 '정책의 기획 입안 및 추진에 대한 국민참여 촉진'에 쓰여 있는 다음과 같은 내용입니다.

> 일본에서 과학기술 이노베이션 정책의 추진이 경제적으로, 사회적으로 가치 있는 것이 되기 위해서는 국가가 그 기획 입안과 추진에 있어 실시해야 할 과제와 사회적 수요에 대한 국민의 기대를 적확하게 파악

한 후 그것을 적절히 정책에 반영해나갈 필요가 있다. 또한 이들 정책을 국민 각층에 널리 홍보하고 설명 책임의 강화에 힘써야 한다. 따라서 정책의 기획 입안과 추진에 있어 의견 공모를 실시하고 폭넓은 국민참여를 위한 정책을 추진한다.(문부과학성 홈페이지에서)

아, 나라에서도 드디어 과학과 기술에 대한 시민참여의 중요성을 인식해주었구나 하고 기뻐하는 것은 좀 바보 같아 보일지도 모르지만 국가가 시민들의 과학기술 거버넌스의 필요성을 인식한 점은 중요하다고 생각합니다. 변함없는 공문서 문체이긴 하지만 말입니다.

시민의 힘을 보여준 컨센서스 회의라는 실험

나라에서 '국민의 폭넓은 참여를 얻기 위한 정책'으로 무엇을 생각하고 있는지는 명확하지 않지만 한 가지 방법으로서 참고가 될 만한 것이 컨센서스 회의라는 실험입니다. 컨센서스 회의는 1987년 덴마크에서 시작된 시민참여형 테크놀로지 어세스먼트Technology Assessment◆를 위한 방법입니다.

여기서는 구체적으로 무엇을 할까요? 우선 개최 반 년 전에 전

◆ 기술의 재검토, 기술의 사전평가라는 뜻으로 부정적인 면에 주목하여 영향과 파급력을 검토한 후 그 기술을 재평가하고자 하는 절차를 말한다_옮긴이

문가와 시민 사이에서 조력자의 역할을 하며 회의를 진행하는 퍼실리테이터facilitator를 선출합니다. 그런 다음 시민이 패널을 공개 모집하여 전문가 패널을 구성합니다. 주최 측은 시민 패널에게는 학습용 자료를 전달하여 더 깊은 공부를 할 수 있도록 합니다. 개최 2~3개월 전에는 시민 패널이 논의하고자 하는 문제에 대해 핵심 질문을 작성하여 전문가 패널에게 보냅니다.

시민과 전문가 패널은 이러한 준비를 바탕으로 회의에 들어갑니다. 회의 첫째 날에 전문가 패널이 핵심 질문에 답하면, 시민 패널이 그 답을 바탕으로 숙고하여 추가 질문을 작성해 둘째 날 오전에 재질문을 합니다. 여기까지는 공개입니다. 둘째 날 오후는 시민 패널만 참여하는 토론입니다. 이 자리에서 컨센서스 문서를 작성합니다. 예를 들면 유전자변형식품을 사회에서 어떻게 취급해야 하는가에 관한 논의를 바탕으로 합의문서를 만드는데 이것을 시민 패널이 하는 거죠. 그리고 사흘째 되는 날은 다시 공개회의로 전환해 시민 패널이 컨센서스 문서를 공표하고 회의장에 모인 모든 사람들이 토론을 합니다. 그후 문서가 출판됩니다. 회의는 대체로 이런 식으로 진행됩니다.

실제로 이렇게 회의를 실시해보니 건전하고 공공적인 관점이 정확히 반영된 수준 높은 문서가 작성되었다고 합니다. '유전자조작은 무서우니까 절대 반대!' 같은 내용이 아니었다는 말이죠. 덴마크에서는 현실 정책에 합의문서의 내용이 반영되어 있습니다. 예를 들면 덴마크 정부는 1987년 회의결과를 바탕으로 동물의 유전자조작기술에 대한 연구지원을 중지했고, 1989년 회의결과를 반영해 건조중지 이외의 식품에 대한 방사선 조사를 금지한 바 있습니다.

일본에서는 덴마크에서 유학하며 컨센서스 회의를 공부한 와카쓰키 유키오若松征男가 중심이 되어 1998년 오사카에서 유전자치료를 주제로, 이듬해 도쿄에서는 인터넷 기술을 주제로 시민참여형 컨센서스 회의가 열렸습니다. 2000년에는 농림수산성이 지원하고 농림수산 첨단기술산업진흥센터가 주최한 유전자변형농작물에 관련한 전국 규모의 컨센서스 회의를 최초로 개최했습니다. 이때 퍼실리테이터를 맡은 고바야시 다다시의 《누가 과학기술에 대해 생각하는가》는 그 기록입니다.◆

누가 의제를 설정하는가

컨센서스 회의에서 결정적으로 중요한 부분은 '시민이 먼저 문제를 제기하는 절차'입니다. 무엇이 문제인지 공식적으로 결정하는 과정을 프레이밍framing이라고 합니다. 프레이밍이란 기틀을 만드는 작업을 의미하는데, 특정한 주제에 대해 무엇을 물어야 할지 결정하는 행위를 말합니다. 지금까지는 이 프레이밍도 전문가에게 맡기는 경우가 많았습니다. 그런 경우 시민이 불안해하는 문제가

◆《누가 과학기술에 대해 생각하는가-컨센서스 회의란 실험誰か科学技術について考えるのか―コンセンサス会議という実験》(나고야대학출판부, 2004년)

논의에서 배제되어버릴 수도 있습니다.

컨센서스 회의에서는 프레이밍의 주도권을 시민에게 건넨 상태에서, 예를 들어 나노테크놀로지와 유전자재조합기술 등 기본적인 것을 학습한 다음 '무엇을 물어야 하는가?'를 시민이 결정하도록 하는 점이 가장 중요한 포인트입니다.

여기까지 살펴본 바로 알 수 있는 사실은 시민의 과학 리터러시의 핵심은 '질문을 할 수 있는가, 그렇지 않은가' 하는 점입니다. 실제로 과학에서 뭔가가 쟁점인 것처럼 보일 때에도 정작 뚜껑을 열어보면 문제제기 시스템이 잘못되어 엉뚱한 부분에 논란의 초점이 맞춰져 있었다는 사실을 알게 되는 일이 흔합니다. 즉 무엇을 문제로 삼아야 하는가에 대한 이해가 서로 다르다는 것이죠. 한쪽은 문제라고 생각하는 것을 다른 한쪽은 문제라고 생각하지 않는 프레이밍 논란이 곳곳에서 벌어지고 있습니다.

과학·기술과 사회의 상호작용을 연구하는 히라카와 히데유키平川秀幸는 1993년 발표된 생물다양성조약과 관련해 실시된 바이오안정성 의정서(카르타헤나 의정서◆) 협상 과정에서 있었던 프레이밍의 주도권 다툼을 분석한 바 있습니다.◆◆ 이 회의는 유전자변형작물GMO의 국제 이동에 관한 규정을 마련하는 것이 목표

◆ 2000년 1월 캐나다 몬트리올에서 채택된 유전자변형생물체의 국가 간 이동을 규제하는 국제협약을 가리킨다. 정식명칭은 '바이오안전성에 대한 카르타헤나 의정서'다_옮긴이

◆◆ <리스크의 정치학>(《공공을 위한 과학기술》 5장(히라카와 히데유키 등 편저, 다마가와대학출판부))

였습니다. GMO가 국경을 넘어 도입되었을 때의 리스크 평가가 문제시되었는데, 당시 거의 모든 쟁점이 무엇을 리스크 안에 포함시켜 논의해야 할 것인가를 둘러싼 대립이었다고 합니다.

간단히 말하자면 GMO 수출기업이 있는 선진국 측에서는 리스크로 문제화할 범위를 가능하면 좁게 가져가려고 하고, GMO를 수입하는 개발도상국 측은 가능하면 넓게 가져가려고 했습니다. 알레르기 반응이라는 건강 리스크와 내성병원체 발생, 생태계에 대한 악영향 등 생태 리스크, 여기에 사회·경제·문화적 리스크까지 어디부터 어디까지를 GMO의 리스크로 문제화할 건지가 쟁점이었던 것이죠. 현재 지구에서는 단일품종 대량재배로 인해 전통적 식문화의 쇠퇴가 우려되고 있습니다. 그 품종이 흉작일 때는 기아가 발생할 위험도 있죠. 또한 GMO의 경우 개발도상국 농가가 선진국의 종묘기업으로부터 매년 씨앗을 구입해야 하므로 자급농업의 쇠퇴, 개발도상국 농가의 빈곤화 등이 우려되는 상황입니다.

실제로 GMO를 섭취하고 사망한 사람은 없기 때문에 GMO의 건강 리스크는 미미합니다. GMO의 리스크 평가를 건강 리스크에만 한정해 프레이밍한다면 그 리스크는 매우 작을 수밖에 없고 이번에도 넘어가자는 결론이 나오게 되어 있습니다.

이처럼 과학과 기술에 대해 사회적 의사결정을 하고자 할 때 전문가와 시민 사이에는 프레이밍의 방법이 서로 다를 수 있습니다. 아무래도 전문가는 수치화 가능하고 과학의 언어로 전환하기 쉬운 것만을 문제로 간주하게 마련입니다. 그렇기 때문에 적절한 문제제기, 즉 '적절한 프레이밍'이 시민의 과학 리터러시에서는 중요합니다.

참고로 인터넷상에는 트랜스-사이언스적인 문제를 '과학으로 물을 수는 있지만 과학을 통해 답할 수는 없는 문제'로 간주하는 글이 많은데, 이것은 그다지 좋은 관점이 아닙니다. 왜냐하면 '과학이란 답할 수 있는 문제만을 묻는 학문'이기 때문입니다. 따라서 과학은 그대로 두면 계통적으로 어떤 종류의 문제를 무시하도록 되어 있습니다. 사회·경제·문화적 리스크 등이 그 대표적인 예죠. 앞서 트랜스-사이언스적 문제를 가능한 한 과학의 문제로서 해결해야 한다는 와인버그의 견해에는 찬성하기 힘들다고 말했습니다. 왜냐하면 트랜스-사이언스적 문제를 '과학의 문제'로 재정립할 때 과학으로는 취급하기 까다로운 문제가 누락되어버릴까 우려되기 때문입니다.

트랜스-사이언스적인 문제는 '과학에 질문을 던질 수는 있지만 답이 돌아오지 않는 문제'이자, '과학이 스스로 그 질문을 던지기를 기다릴 수 없는 문제'이기도 합니다. 따라서 시민이 더욱더 프레이밍의 주도권을 가지고 과학이 스스로 질문할 수 없어 탈락되는 문제를 논의 선상에 올려 '과학과 함께' 해결책을 찾아야 합니다.

8장

피폭 위험성은 얼마나 되는 걸까?

판단할 수 있다

지금까지 설명으로 시민에게 과학 리터러시가 필요한 이유와 시민이 갖춰야 할 과학 리터러시의 윤곽을 파악했을 것입니다. 이번 장에서는 리터러시의 내용을 더 구체적으로 이해하기 위한 작업에 들어가봅시다.

과학 정보를 어떻게 해독할 것인가

이제부터 함께 살펴볼 기사는 2011년 4월 5일《아사히신문》조간에 실린 기사 "농산물 '당장은 영향 없다' 근거는?"이라는 제목의 기사입니다. 이 시기 일본에서는 후쿠시마 원자력발전소 사고가 발생해 농산물 출하 중단 사태가 벌어졌습니다. 특히 오염된 시금치가 문제가 되어 시금치를 먹어도 괜찮은가에 관한 언론보도 역시 굉장히 많았죠. 이 기사는 그런 시기에 정부와 전문가가 여러 번 발표한 '건강에 당장은 영향 없다'는 명대사를 해설한 것으로서 시민에게 과학 정보를 제공하는 것을 목적으로 작성됐습니다. 과학 리터러시가 있는 시민은 이 기사를 어떻게 읽어야 할까요?

기사에서는 먼저 계산식이 제시됩니다.

> 방사성 요오드가 1킬로그램당 15,020베크렐 검출된 시금치를 100그램씩 365일간 섭취할 경우:
>
> 15,020베크렐×(100그램/1,000그램)×365일×0.000016=약 8.8밀리시버트

계산식 중 '0.000016'에는 '방사성 요오드 1베크렐Bq이 체내에 유입되었을 때 인체에 미치는 영향을 구하는 계수'라는 설명이 달려 있습니다. 따라서 인체에 미치는 영향은 약 8.8밀리시버트mSv가 됩니다.

어떠십니까? 이 계산식을 보고 결과만 고민 없이 받아들인 분은 과학 리터러시가 아직 덜 길러진 것입니다. 가장 먼저 '이 식의 의미는 무엇일까?' 하고 생각해야 합니다.

원전사고 이후 일본인이라면 거의 대부분 베크렐과 시버트라는 말을 매일같이 보고 들었습니다. 그러나 베크렐과 시버트의 차이를 제대로 이해하는 사람은 의외로 많지 않은 듯합니다.

이 기사를 읽다보면 까나리나 시금치에서 검출된 방사능의 세기가 시버트Sv라는 단위로 되어 있죠. 이런 대목에서 '베크렐과 시버트는 둘 다 방사선의 세기 아닌가?'라든가 '왜 시금치의 방사능은 베크렐이고 발암 위험성을 말할 땐 시버트지?'와 같은 의문을 가졌으면 합니다. 그다음 방사성 요오드가 1킬로그램당 15,020베

크렐이 검출되었다고 쓰여 있습니다. 이 부분을 읽으면 순간적으로 '베크렐은 무게의 단위인가?' 하고 생각할지도 모르겠습니다. 주의 깊게 읽으면 모르는 부분이 여러 곳 등장하죠.

이러한 과학 정보가 제공되면 모르는 점을 확실히 정리해서 다시 질문해야 합니다. '어차피 모르니까 일단 전문가들이 말하는 대로 하자'고 포기하지 말고, '역시 모르겠다. 전문가들이 국민들을 현혹시키는 게 틀림없다'라며 음모론에 가담하지도 말고 "베크렐과 시버트는 어떻게 다릅니까?", "베크렐이라는 건 방사성 요오드의 무게 단위입니까?" 하고 질문했으면 합니다.

질문할 수 있는 시민의 과학 리터러시 | 1

- 제공된 과학 정보에 적절한 의문을 가질 수 있다.

건강에 영향을 미친다는 100밀리시버트의 의미

이번에는 2011년 4월 24일 《아사히신문》 조간의 '잘 모르겠어! 방사선, 몸에 어떤 영향 있나?'라는 기사를 보겠습니다. 여기 '피폭선량과 인체에 미치는 영향'이라는 도표가 있습니다. 다음이 그 일부입니다.

- 205mSv: 작입자의 피폭 한도량
- 100mSv: 건강에 영향을 미칠 위험이 높은 수준
- 20mSv: 국가재난구역의 대략적 기준치가 되는 연간 피폭량
- 6.9mSv: 흉부 엑스선 CT(1회)
- 2.4mSv: 자연방사선량 평균(연간)
- 0.6mSv: 위 엑스레이 검진(1회)

주의해서 보아야 할 부분은 위 엑스레이 검진과 흉부 엑스선 CT '1회'에 노출되는 방사선량입니다. 그런데 자연방사선량과 국내재난구역의 기준치는 노출 방사선량이 '1년간(연간)'이라고 쓰여 있죠. 일상생활만으로도 1년 동안 2.4밀리시버트 노출된다는 뜻입니다.

그런데 '건강에 영향을 미칠 위험이 높은 수준'인 100밀리시버트 항목에 대해서는 도표의 어디에도 기준이 쓰여 있지 않습니다. 질문할 수 있는 시민이라면 도표를 봤을 때 이 설명이 연간인지 1회인지, 혹은 누적량인지 물어야 합니다. 이것은 시버트가 본래 어떤 단위인가 하는 문제와 연결되겠죠.

왜냐하면 혹시나 100밀리시버트는 숫자가 다른 정보와 안 맞는다고 여길 수 있기 때문입니다. 후쿠시마 현의 나미에마치에서는 170마이크로시버트μSv의 방사선이 검출되어 피난권고가 내려졌습니다. 170마이크로시버트는 100밀리시버트의 600분의 1 정도◆

◆ 1Sv = 1,000mSv = 1,000,000μSv

입니다. 이 기사에서는 100밀리시버트까지는 영향이 나타날 위험이 그렇게 크지 않다고 말하는 것 같으므로, 단순비교하면 나미에마치의 경우 피난까지 가는 것은 과잉 대응이 아닌가 하는 생각이 들기도 합니다.

사실 나미에마치의 170마이크로시버트라는 것은 1시간당 수치입니다. 시버트는 다양한 표현법이 가능해서 '1시간당 또는 1년간 몇 밀리시버트'로도 쓸 수 있고 누적된 양으로도 쓸 수 있습니다. 이 도표에 있는 100밀리시버트란 누적된 양을 말한다고 해석해야 합니다. 즉 1년에 걸쳐 피폭될 수도 있고 10년에 걸쳐 피폭될 수도 있지만, 여하튼 누적으로 100밀리시버트에 노출되면 건강에 영향을 미칠 위험이 높아진다는 것입니다. 이렇게 쓸 때의 시버트는 방사선이 인체에 미치는 영향의 정도를 측정하는 단위입니다. 한편 시버트에 '1시간당' 혹은 '1년간'이 붙어 있을 때는 특정한 장소에 1시간 혹은 1년간 있을 경우 그만큼 영향을 받는다는 뜻이므로 그 장소의 방사선의 세기를 나타내기도 하죠. 이처럼 시버트는 두 가지 사용법을 가지고 있는 단위입니다.

그럼 '건강에 영향을 미칠 위험이 높다'는 것은 구체적으로 무슨 뜻일까요? 'ICRP에 따르면 암에 걸릴 위험이 0.5퍼센트 올라간다고 추산했다'는 말을 들은 적이 있으신가요? 이것은 누적 100밀리시버트에 노출되면 발암 위험이 0.5퍼센트 올라간다는 뜻이죠. 이제 'ICRP가 뭐지? 어떤 근거로 이 숫자가 결정된 걸까?' 이번에는 이런 의문이 들 것입니다. '이 의문을 말로 확실히 정리해 표현할 수 있는지'가 시민의 과학 리터러시의 핵심입니다.

베크렐과 시버트는 어떤 단위인가

자, 의문이 정리되었다면 전문가에게 물어보죠. 방사선량을 주제로 하는 사이언스 카페◆가 있다면 직접 가서 들어볼 수도 있고, 아니면 메일을 보낼 수도 있습니다. 또 인터넷에 질문을 던질 수도 있습니다. 하지만 무엇보다 의지할 만한 것은 전문가가 쓴 책일 겁니다. 베크렐과 시버트라는 단위의 정의에 대해 제가 조사한 결과를 말씀드리겠습니다(쓰루타 다카오가 쓴 《방사선 입문》◆◆ 등을 참고했습니다).

베크렐

베크렐Bq은 방사성 물질이 가진 방사능(의 세기)의 단위입니다. 1초 동안 1개의 원자핵이 붕괴되어 알파선 또는 베타선 또는 감마선을 방출합니다. 그때 방사선의 세기를 1베크렐이라고 부르기로 결정한 것입니다. 방사성 요오드가 1킬로그램당 15,020베크렐 검출된 시금치란, 그 시금치를 1킬로그램 모아놓으면 그 안에 들어 있는 요오드131의 원자핵이 1초 동안 15,020개 붕괴된다는 뜻입니다.

◆ 대중들이 과학에 관해 자유롭고 편안한 분위기에서 대화하고 토론을 나눌 수 있는 모임이나 공간. 프랑스에서 시작돼 영국을 중심으로 활발히 진행되어 현재 전 세계의 다양한 도시에서 비슷한 행사를 찾을 수 있다_옮긴이

◆◆ 《방사선 입문放射線入門》(통상산업연구사, 2008년)

그레이

어떤 물체가 방사선에 노출되어도 방사선이 그대로 지나가버린다면 영향은 없겠죠. 하지만 지나가버리는 것을 막고 방사선과 물체 사이에서 에너지를 주고받으면 물체는 여러 영향을 받게 됩니다. 이때 그 물체가 방사선에서 흡수한 에너지를 흡수선량이라고 부르고 이것을 측정하는 것이 그레이Gy라는 단위입니다.

1그레이는 1킬로그램의 물질이 1줄J의 에너지를 흡수했을 때의 선량입니다. 같은 세기의 방사선이 조사되어도 거기에 놓인 물질의 종류에 따라 방사선이 얼마나 잘 투과되는지는 다르기 때문에 흡수선량도 다릅니다. 이 수치가 크면 클수록 생물이 받는 영향은 당연히 크겠죠. 예를 들어 근육은 방사선을 잘 통과시키므로 엑스레이에 찍히지 않습니다. 하지만 뼈는 잘 흡수하죠. 그래서 같은 양의 방사선에 노출되었어도 근육의 흡수선량을 1이라고 한다면 뼈는 3 정도 됩니다.

1줄은 1와트W를 1초 동안 사용했을 때의 에너지로, 칼로리로 환산하면 0.24칼로리입니다. 1칼로리는 물 1그램의 온도를 대기압하에서 1도 올리는 열량입니다. 만약 인체가 물만으로 이루어져 있다고 가정한다면 방사선 1그레이를 조사할 때 인체는 체온이 0.00024도 올라가는 셈이죠. 온도로 변환하면 매우 적은 에너지이지만 방사선 에너지는 유전자의 본체인 DNA 분자에 직접 여러 가지 나쁜 영향을 미치기 때문에 문제를 일으킬 수 있습니다.

등가선량을 측정하는 시버트

베크렐과 그레이는 물리적으로 엄밀하게 정의된 단위입니다. 그러나 시버트는 조금 다릅니다. 시버트는 방사선 방호라는 목적을 위해 고안되었습니다. 즉 방사선에 피폭되었을 때의 장애를 객관적으로 예측한다는 목적을 위해 만들어진 단위입니다.

인체가 방사선에 피폭되어 에너지를 흡수했을 때의 악영향은, 물론 흡수선량이 클수록 더 크리라 생각되지만, 그것만으로 결정되는 건 아닙니다. 인체에 대한 영향의 정도는 그 방사선의 종류에 따라 다릅니다. 그래서 그레이로 측정한 물리적 흡수선량을 방사선의 종류에 따라 보정하는데, 이것을 등가선량이라고 하고 그 단위가 시버트입니다. 계산식으로 나타내면 다음과 같습니다.

등가선량Sv = 방사선 하중계수 × 각각의 조직 또는 장기의 흡수선량Gy

방사선 하중계수는 전리작용이 약한 감마선과 엑스선에서는 1입니다. 하지만 알파선은 전리작용이 강하고 DNA에 아주 나쁜 영향을 주므로 20이죠. 그러면 감마선 1그레이는 1시버트, 알파선 1그레이는 20시버트가 됩니다. 하지만 이 20이라는 숫자도 물리적으로 엄밀한 숫자는 아닙니다. 알파선은 감마선의 20배 만큼의 악영향을 준다는 것을 정확하게 결정할 수 없습니다. 어디까지나 방사선을 방어한다는 목적을 위해 정해진 예상 수치이기 때문입니다.

등가선량은 각각의 장기와 조직별로 정의된 방사선의 양입니다. 따라서 요오드131에 따른 갑상샘 피폭과 같이 국소 피폭의 정도를 나타내는 데 쓰임이 좋습니다. 전신에 방사선이 피폭된 경우 계산식은 다음과 같이 나타냅니다.

등가선량Sv = 방사선 하중계수 × 조직·장기의 평균 흡수선량Gy

인간의 조직이나 장기를 한 덩어리로 모아놨다고 생각해보세요. 이 덩어리의 흡수선량에다가 노출된 방사선량이 어떤 종류의 방사선인지를 나타내는 방사선하중계수를 곱하면 전신에 노출된 경우의 등가선량인 시버트를 계산할 수 있습니다. 참고로 과거에는 시버트가 아니라 렘rem이라는 단위가 사용되었습니다. 1렘은 0.01시버트입니다.

유효선량을 측정하는 시버트

시버트로 측정할 수 있는 방사선의 양에는 등가선량 외에도 또 하나 유효선량이라는 것이 있습니다. 인체는 조직에 따라 방사선의 에너지 흡수 정도가 다르다고 말했습니다. 등가선량이 고려한 것은 이 부분까지입니다. 그러나 한 발 더 나아가 방사선으로부터 같은 양의 에너지를 흡수하더라도 조직에 따라 영향을 받는 정도(방사선 감수성)가 다릅니다. 예를 들어 피부는 방사선에 강한 편이지만 생식샘은 같은 선량이라도 영향을 받기 쉽습니다.

그래서 이번에는 생식샘은 0.2, 피부는 0.01, 간은……, 이렇게 조직별로 조직 하중계수를 정해서 그것을 다 더한 합이 1이 되도록 합니다. 그런 다음 조직별로 방금 전의 등가선량과 조직 하중 계수를 곱해 합계를 내면 인체 전체를 한 덩어리로 놓고 계산한 등가선량보다 실제에 가깝게 피폭선량을 계산할 수 있습니다.

유효선량Sv = (조직 하중계수 × 조직·장기의 등가선량)의 전 조직에 걸친 총합

예를 들어 모든 조직의 등가선량이 균등하고 똑같이 1시버트씩 피폭된다면 유효선량도 1시버트가 나오겠죠. 앞서 본 신문기사에 나온 시버트의 수치는 이 유효선량의 수치입니다.

세 단위의 차이를 이해했습니까? 비에 비유해서 말하자면 하늘에서 일정 시간 내리는 빗방울의 수가 베크렐, 몸에 닿은 비의 양이 그레이, 그것으로 인해 사람이 받은 영향이 시버트라고 할 수 있겠죠. 지금까지의 내용은 오지마 고지가 쓴《진짜가 밝혀진다! 방사능의 모든 것》을 참조했습니다.◆ 이 책에서는 방사선 종류의 차이에 대해 '사람에게 닿는 양은 같더라도 비보다는 우박이 더 아프겠죠'라는 적절한 비유를 사용하고 있습니다. 매우 좋은 비유라고 생각합니다.

이렇게 조사해보면 시버트는 베크렐에 비해 매우 복잡하고 인공적인 단위라는 것을 알 수 있습니다. 요점은 시버트가 방사선

◆《진짜가 밝혀진다! 방사능의 모든 것本当のことがわかる! 放射能のすべて》(니혼분게샤, 2011년)

방호의 관점에서 정해진 단위라는 점, 그리고 그 정의에 여러 모델화와 예측이 반영되었다는 점입니다. '시버트는 그런 단위구나' 하고 알아둘 필요가 있겠죠.

물론 이것은 시버트의 정의에 국한된 이야기는 아닙니다. 과학의 절차에는 인체를 한 덩어리 또는 조직·장기의 합으로 생각하는 모델화와 이상화가 반드시 포함됩니다. 질문할 줄 아는 시민이라면 이런 점을 정확히 알아두어야 합니다.

질문할 수 있는 시민의 과학 리터러시 | 2

- 과학의 절차에는 반드시 모델화와 이상화가 포함된다는 것을 알고 있다.

'알기 쉬운 것'의 함정

방사선의 영향에 관한 대중용 해설서가 원전사고 후 우후죽순처럼 출간되었습니다. 저는 그중 여덟 권을 골라 비교하며 읽어보았습니다. 상세한 내용은 제가 쓴 〈후쿠시마 제1원자력발전소 사고 이후 과학기술 커뮤니케이션·방사선 리스크를 둘러싸고〉(《사회와 윤리》 25호, 난잔대학사회윤리연구소 편)에서 볼 수 있습니다. 그 결과 앞에서 말한 세 단위에 대한 설명이 정확한 책은 고작 세

권이었습니다.

그밖에 달리 인상에 남은 책이 없습니다. '방사성 물질이 방출하는 방사선의 세기를 나타내는 단위가 베크렐, 그 방사선이 공기 중을 날아다닐 때의 양을 나타내는 단위가 그레이, 방사선이 인체에 닿거나 통과하여 장기에 미치는 영향의 세기를 나타내는 단위가 시버트'라고 설명하는 책도 있는데, 이는 오해를 부르기 쉬운 표현입니다. 이 설명으로는 그레이가 방사선과 방사선을 흡수하는 물질과의 상호작용을 전제로 하는 단위라는 사실을 알 수 없습니다.

많은 대중 서적이 비유를 사용함으로써 이 단위를 알기 쉽게 설명하려고 합니다. 하지만 비유는 제대로 쓰지 못하면 도리어 오해의 원인이 될 수 있습니다.

'회중전등의 빛을 바로 옆에서 보면 매우 밝게 느껴지지만 멀리서 보면 결코 밝게 느껴지지 않습니다. 이와 같이 강한 방사선을 방출하는 것(베크렐의 수치가 큰 것)이 있어도 멀어지면 인체에 대한 영향은 작아지므로 시버트의 수치가 작아집니다.'

이렇게 설명하면 마치 베크렐이 방사선 중심점에서의 세기이고 방사선의 세기인 시버트가 중심점에서 떨어진 측정 지점에서의 방사선의 세기를 나타내는 단위인 것으로 오해할 수 있습니다. 우리가 여기서 얻을 수 있는 교훈은 무엇일까요?

질문할 수 있는 시민의 과학 리터러시 | 3

- 한 권의 책과 하나의 정보원을 그대로 받아들이지 않는다. 다양한 출처를 비교해 타당하다고 생각되는 설명을 취사선택할 수 있다.
- '알기 쉬운 것'에는 함정이 있다는 사실을 알고 있다. 비유만으로 만족하지 않는다.

선량한도는 무엇을 의미하는가

다음으로 '100밀리시버트에 노출되면 발암률이 0.5퍼센트 높아진다'는 대목을 검토해볼까요? 이 기준은 누가 어떻게 결정한 것일까요? 그리고 그 근거는 무엇일까요?

이 기준을 결정한 곳은 ICRP, 즉 국제방사선방호위원회International Commission on Radiological Protection라는 단체입니다. 이곳은 방사선 방호에 관해 가장 권위 있는 단체입니다. 이 조직의 권고가 UN과 IAEA(국제원자력기구), 일본 정부 등의 기준이 됩니다.

연표(표 8-1)를 보면 ICRP가 선량한도를 종종 개정했다는 사실을 알 수 있습니다. 현재는 2007년의 권고가 사용되고 있는데, 1년간 노출되어 문제가 없는 방사선량은 평상시 1밀리시버트 미만, 긴급 시에는 20~100밀리시버트로 정해져 있습니다(1977년에 공중公衆에 대해서는 '허용선량'이라는 개념 대신 '선량당량 한도'라는 개념이 사용되기 시작했습니다).

표 8-1 ICRP의 역사와 기준의 변천

1895년	뢴트겐, 엑스선 발견→방사선의 의료분야 이용 확대
1896년	미국에서 방사선(엑스선)으로 인한 피부장애 첫 보고
1902년	엑스선과 피부암의 발생 사이의 인과관계 첫 보고
1928년	'국제엑스선 및 라듐방호위원회IXRPC' 발족
1934년	허용선량(용인선량) 수치 첫 발표(엑스레이 방사선사들을 조사하여 얻은, 피부장애 발생이 없는 선량 정보를 기초로 함). 방사선 작업자의 경우 1년에 50렘
1950년	IXRPC에서 현재의 명칭인 ICRP로 변경. 허용선량 수치 개정. 피부장애만이 아니라 조혈장애 추가. 방사선 작업자의 경우 1년에 15렘.
1958년	허용선량 수치 개정. 방사선 작업자의 경우 연간 5렘. 공중은 연간 0.5렘.
1962년	최대 허용선량 수치 발표(publ.◆6)
1965년	허용한도 수치 발표(publ.9) '방사선에 대한 어떠한 피폭도 백혈병을 포함한 악성종양 등의 신체적 영향과 유전적 영향을 발현시킬 위험이 얼마간 있다.' 다시 말해 위험이 없지 않다. (용인 가능한 수준의 리스크)
1977년	선량당량 한도 수치 발표. 방사선 작업자에게도 선량당량 한도의 개념을 적용(연간 5렘), 공중은 연간 0.5렘.
1990년	선량당량 한도 수치 개정. 방사선 작업자의 경우 연간 5렘, 공중은 연간 0.1렘.
2007년	2007년 권고 발표(publ.103). 공중의 1년 선량한도를 평상시는 1밀리시버트 미만, 긴급 시는 20~100밀리시버트로 규정.

* http://ja.wikipedia.org/wiki/국제방사선방호위원회, '기술과 인간', 《방사선 피폭의 역사放射線被爆の歴史》(아카시쇼텐, 2011년) 등을 참고로 저자 작성.

2007년의 권고에는, 여기서는 '1년간'이라고 되어 있으므로 앞서 본 발암 리스크 0.5퍼센트 상승이라고 말할 때의 100밀리시버

◆ ICRP Publication의 준말. ICRP에서 발표하는 권고를 표기할 때 쓴다_편집부

트와는 의미가 다르지만, 20밀리시버트라고 한 것은 문부과학성이 옥외에서 아이들이 활동할 때의 방사선량을 기준으로 삼은 것입니다. 1년간 20밀리시버트 수준이라면 초등학교 교정에서 아이들을 놀게 해도 좋다는 것이죠. 하지만 내각의 관방참모였던 고사코 도시소는 이 수치는 받아들이기 어렵다며 참모직을 사임했습니다. 20밀리시버트는 ICRP의 수치 중 낮은 쪽이므로 정부와 도쿄전력이 멋대로 기준을 느슨하게 잡아 자신들의 사정에 맞춰 이용했다는 비판이 있었는데, 그 비판이 다 맞지는 않은 듯합니다.

우리가 의식해야 하는 것은 그런 정부음모설이 아니라 권고 자체가 어떻게 정해지는지에 관한 것입니다. ICRP의 모델은 주로 히로시마와 나가사키 원폭 피해자의 데이터에 근거하고 있습니다. 원폭의 경우 피폭량이 폭격 중심점으로부터의 거리로 결정되어 피폭량의 추정이 쉽기 때문입니다. 원폭 피폭자를 계속 추적 조사하면 피폭선량이 100밀리시버트인 집단에서는 발암률이 0.5퍼센트 상승하고 그 위쪽 수치에서는 피폭선량과 발암률이 거의 비례관계에 있습니다. 그런데 100밀리시버트보다 낮은 수치에 대해서는 알려진 바가 많지 않습니다. 100밀리시버트보다 낮은 영역은 흡연과 생활습관 등의 다른 위험요인의 영향이 혼재되어 있어 확정적으로 말할 수 없습니다. 그래서 발암 리스크가 있다고 확인된 최저선량인 100밀리시버트로 기준을 정한 것이죠.

문제는 이것을 어떻게 전달할 것인가 하는 점입니다. 가장 신중한 표현을 써서 전달한다면 다음과 같이 될 것입니다.

100밀리시버트 이하에서는 발암률이 상승한다는 증거가 없습니다. 그러나 이것은 100밀리시버트 이하에서는 암 발생률이 올라가지 않는다는 의미가 아닙니다. 발암률이 높아질지 어떻게 될지 모른다는 의미입니다. 이 정도의 저선량 피폭으로는 다른 발암요인의 영향과 통계적·역학적으로 분리가 불가능합니다. 다시 말해 50밀리시버트에서 발암률이 0.25퍼센트 올라갔는지에 대한 데이터는 아직 검증할 만큼 쌓이지 않았습니다.

과학에서는 이런 식으로밖에 말할 수 없다는 것을 1부를 읽었다면 잘 이해할 겁니다.

몇몇 책에서는 안타깝게도 이러한 신중함은 보이지 않고 저자의 해석이 비집고 들어간 표현이 있습니다. 예를 들면 '100밀리시버트 이하에서는 영향을 거의 찾아볼 수 없다는 뜻입니다. 이것은 선량당량 1밀리시버트/시간의 방사선이 조사된 곳이면 100시간, 즉 약 40일간 생활해도 의학적 영향은 인정될 수 없다는 것입니다' 같은 설명이죠.

과학 커뮤니케이션은 알게 된 사실을 잘 전달하도록 훈련하는 목적이 있습니다. 그래서 모르는 것을 모르는 채로 전달하는 것을 매우 어려워합니다. 본래 알기 쉽게 말하기 위한 것이라 다양한 표현, 단순화, 비유 등을 활용하다가 종종 '모른다는 사실'을 정확하게 전달하는 데 실패하여 독자를 잘못 이끌기도 합니다.

질문할 수 있는 시민의 과학 리터러시 | 4

- 과학의 특징인 '모른다는 사실'이 확실히 전달되고 있는지 확인할 수 있다. 위험성이나 확률적인 사실에 대해 묘하게 단정적인 말투를 쓰고 있다면 일단 의심해본다.

선형 역치 없는 모델

100밀리시버트 이하의 피폭선량에서는 발암률이 올라간다는 직접적인 증거가 없습니다. 그래서 저선량 피폭의 발암률에 관한 여러 가설이 등장했습니다. 제가 강경 원전추진파이고 원자력발전소에서 나오는 정도의 방사선은 전혀 문제가 없다고 주장하고 싶다면, 그 근거로 어떤 가설을 선택하면 좋을까요? 바로 역치 모델입니다.

역치가 있다는 것은 특정 수치까지는 영0이고 그것을 넘으면 갑자기 영향이 나타나기 시작한다는 의미입니다. 예를 들어 100밀리시버트까지는 전혀 영향이 없다가 100밀리시버트부터 갑자기 영향이 나타난다는 거죠. 그러므로 100밀리시버트까지는 얼마든지 노출되어도 괜찮다는 가설이 원전추진파에게는 유리할 것입니다.

이보다 더 유리한 가설도 있는데, 특정 수치까지는 오히려 건강에 좋다는 가설입니다. 라돈 온천이 건강에 좋다는 설과 마찬가지로 저선량이면 면역력이 높아진다거나 세포가 활성화된다거나 하는 가설(호메시스 가설◆)도 있습니다.

ICRP는 두 가설 모두 채택하지 않고 있습니다. ICRP의 2007년 보고서에는 다음과 같은 내용이 있습니다.◆◆ 먼저 62절입니다.

'암의 경우 약 100밀리시버트 이하의 선량에서 불확실성이 존재하지만 역학연구 및 실험적 연구가 방사선 리스크의 증거를 제공하고 있다.'

이어서 63절에서는 DNA에 대한 방사선의 영향과 관련해 어떤 사실이 밝혀졌는지 열거되어 있고, 그다음 64절에서는 다음과 같은 부분이 있습니다.

'방사선 방호를 목적으로 한 기초적인 세포과정에 관한 증거의 중요성은, 선량 반응 데이터에 비추어 약 100밀리시버트 이하의 저선량 영역에서 암 또는 유전성 영향의 발생률이 관련 장기 및 조직의 등가선량의 증가에 정비례하여 늘어난다고 가정하는 것이 과학적으로 타당하다는 견해를 위원회는 지지한다.'

나아가 65절에서 '따라서 위원회가 권고하는 실용적인 방사선 방호체계는, 약 100밀리시버트 이하의 선량에서는 일정 선량의 증가가 그에 정비례하여 방사선에서 기인하는 발암 또는 유전성 영향의 확률을 발생시킬 것이라는 가정에 계속해서 근거를 두기로 한다'고 밝히고 있습니다.

◆ 다량의 방사선은 생물체에 피해를 주지만 소량의 방사선은 오히려 생명체의 생리 활동이 촉진되어 인체에 유익한 효과를 준다는 가설이다_옮긴이

◆◆ <국제방사선방호위원회 2007년 권고>(일본동위원소협회)

이 사고는 '선형 역치 없는 모델(LNT 모델)'이라고 불립니다. 역학적으로는 100밀리시버트 이하의 선량에서 발암률이 높아지는지 밝혀지지 않았지만, 그 정도 영역에서도 발암률이 등가선량에 정비례해서 증가한다고 생각하는 데는 일정한 과학적 타당성이 있다는 사고입니다.

따라서 100밀리시버트보다 낮은 수치는 노출되어도 안전한 것이 아니라 '용인할 수 있는 리스크'라고 해야 올바른 표현입니다. 용인할 수 있는 것은 다른 리스크와의 비교가 필요하기 때문입니다. 엑스레이 검진을 받지 않은 채 암인 줄 모르고 사망할 리스크와 비교하면 검진을 받는 편이 낫습니다. 하지만 검진을 받는 것 역시 피폭 리스크를 동반합니다. 리스크가 완전히 없지는 않죠. 그래서 용인 가능한 수준의 리스크라는 표현을 써야 앞뒤가 맞습니다.

선형 역치 없는 모델에는 외삽◆이 포함되어 있습니다. 말하자면 기존의 데이터(100밀리시버트 이상)를 기초로 그 바깥 범위(100밀리시버트 이하)에서도 같은 경향일 것이라고 짐작해 수치를 예상하는 것입니다. 이 외삽도 비연역적 추론의 일종입니다. 저선량 영역에서는 사정이 크게 다를 것이라고 생각할 합리적 이유가 없고 발암 메커니즘에 대해서 밝혀진 사실을 감안한다면, 저선량에서도 발암 위험성은 있다고 생각하는 편이 합리적인 경우

◆ 이용 가능한 자료의 범위가 한정되어 있어 그 범위 이상의 값을 구할 수 없을 때 관측된 값을 이용하여 한계점 이상의 값을 추정하는 방법을 말한다_옮긴이

에 외삽이 정당화됩니다.

과학이 불확실한 사정을 다룰 때는 이런 외삽과 추정이 반드시 포함됩니다. 따라서 모델화를 할지, 어떻게 추정할지의 차이에 따라서 얼마든지 다른 이론이 병행해서 존재한다는 사실을 알고 있어야 합니다.

질문할 수 있는 시민의 과학 리터러시 | 5

- 과학이 불확실한 것에 대해 말할 때 반드시 외삽과 추정이 포함되어 있다는 사실을 알고 있다.

선형 역치 없는 모델을 어떻게 해석하고 전달할까

선형 역치가 없는 모델은 저선량 영역에서 발암률이 증가한다는 직접적 증거는 없다고 주장하면서도 발암 리스크에는 역치가 없기 때문에 어떤 저선량 피폭이라도 조금은 발암 리스크가 있다고 간주하는, 양면성을 지닌 견해입니다. 그러므로 이를 어떻게 비전문가에게 전달할 것인가 하는 부분에서 어떤 종류의 '회색영역'이 발생합니다.

'역치 없음'을 강조하면 '방사선은 아무리 미량이라도 발암률을 높인다', '안전한 피폭량 같은 것은 없다'는 식으로 말할 수밖에 없습니다. 원전반대파로 알려진 고이데 히로아키는 ICRP가 리스크를 축소하는 '공작' 행위를 하고 있으므로 그대로 믿어서는 안 된다고 비판하는 동시에 무역치 모델에 의존하여 '피폭은 아무리 저선량이어도 어떠한 형태로든 건강상태에 피해가 있을 것이라 생각하는 편이 100년 이상 된 방사선 피폭의 잔인한 역사로부터 인류가 배워온 학문적 도달점입니다'라고 주장합니다.◆

한편 100밀리시버트 이하에서는 확고한 역학적 데이터가 없다는 점을 강조하면 뉘앙스가 살짝 달라집니다. 현재 시점에서 어느 가설을 선택할 것인지 참고할 만한 결정적 근거가 없기 때문에 '방사선으로부터 우리 몸을 보호하는 관점에서', '혹시 모르니' 역치 없는 모델이 적용되고 있다는 표현이 존재합니다. 이러한 해석은 '방사선 방호를 목적으로 한'이라는 문구를 엄밀하게 본 것입니다.

이처럼 같은 과학적 가설이라도 어느 부분을 강조할지에 따라서 뉘앙스가 상당히 달라진다는 사실을 아셨을 것입니다. 그런 왜곡을 피하기 위해서는 가능한 한 원본 자료에 접근해야 합니다. 이 경우에는 〈국제방사선방호위원회 2007년 권고〉가 되겠죠. 이 자료는 누구든 열람할 수 있습니다. 여러 권의 책을 비교하며 읽을 경우에는 이러한 원본 자료의 출전을 정확히 밝히고 있는 쪽이 신뢰도가 더 올라가겠죠.

◆《원전은 필요 없다原発はいらない》(겐토샤 르네상스 신서, 2011년)

질문할 수 있는 시민의 과학 리터러시 | 6

- 과학적 가설을 알기 쉬운 말로 전달하고자 할 때 강조점을 두는 방법에 따라 정반대의 함의를 가지는 경우도 있다는 것을 알고 있다.
- 이를 피하기 위해 가능한 한 원본 자료에 가까운 정보부터 입수하려고 노력한다.

피폭 리스크를 둘러싼 두 조직의 입장 차이

지금 설명한 것처럼 100밀리시버트 이하 선량의 영역에 관해서는 여러 모델이 병립하고 있어 논쟁은 현재까지도 진행 중입니다. 그러나 이런 소식은 거의 보도되지 않죠.

그 논쟁의 내용을 잠시 살펴볼까요? ICRP에 대한 최대 비판자는 ECRR, 유럽방사선리스크위원회European Committee on Radiation Risk입니다(ECRR의 비판에 대해서는 시민과학연구실 저선량 피폭 프로젝트 멤버의 해설 <저선량 방사선피폭의 리스크를 재고하다>를 참고했습니다. 시민과학연구실 홈페이지 http://www.csij.org/에서 볼 수 있습니다).

ECRR은 1997년에 설립되어 녹색당과도 관련이 깊은 단체입니다. 권위 있는 ICRP와 비교하면 언더그라운드의 느낌은 있지만 그만큼 원전추진파와 연관 있는 각국의 리스크 평가기관으로부터 독립성을 확보하고 있다고도 할 수 있겠죠. 대표는 크리스토퍼 버

스비Christopher Busby라는 영국의 물리학자로, 환경 NGO 그린오디트Green Audit의 설립자이기도 합니다.

ECRR은 ICRP에 대해 어떻게 비판하고 있을까요? ICRP가 기본적으로는 히로시마와 나가사키 원폭 피해자 데이터에 기반하고 있는 데 반해 ECRR은 그후 체르노빌 원자력발전소 사고와 영국 세라필드에 있는 핵처리 시설 주변의 백혈병 발생 데이터를 중시하고 있습니다. ECRR은 선형 역치 없는 모델이 이러한 데이터를 제대로 설명하지 못한다고 말합니다. 사고가 발생한 곳에서 백혈병이 늘었다는 데이터가 있더라도 ICRP의 선형 역치 없는 모델에 따른다면 '피폭량이 그 정도인 영역이라면 이 정도의 발암률은 당연하다'는 이유로 방사선 피폭이 암 발생의 이유에서 사라져버립니다. ECRR은 이런 본말전도의 상황을 두고 체르노빌과 세라필드의 데이터를 바탕으로 100밀리시버트 이하의 선량 영역에 대해 재고할 필요가 있다고 주장합니다.

두 번째 비판은 시버트라는 단위를 향하고 있습니다. 시버트라는 유효선량에서는 조직별, 장기별로 영향도의 비중을 다르게 설정하긴 했지만 체내의 모든 조직이 빈틈없이 피폭되었다고 상정해 계산합니다.

물론 외부 피폭이라면 그럴 수도 있습니다. 그러나 특히 플루토늄 등 대사가 어려운 방사성 물질을 흡입한 내부 피폭의 경우는 죽을 때까지 방사성 물질이 체내에 남습니다. 그것이 폐 세포에 붙어 알파선을 방출하면 주변의 세포는 아주 오랜 시간에 걸쳐 알파선의 영향을 받기 때문에 발암 리스크가 올라갑니다. 그리고 단 하나의 세포라도 암으로 발전하면 거기서부터 암이 시작됩니다. ICRP가 기준으로 삼고 있는 시버트라는 평가 수단은 이러한 내부 피폭의 현실을 올바로 반영하고 있지 않다는 비판을 받고 있습니다.

이런 비판을 기초로 ECRR은 내부 피폭에 주목한 모델을 제안합니다. 그들이 제안하는 수치는 '내부국소 불균일 피폭'이라는 것을 고려한 하중계수입니다. 예를 들어 스트론튬90은 칼슘과 성질이 비슷해 뼈에 침착되기 쉽습니다. 게다가 이중 베타 붕괴double beta decay를 합니다. '세컨드 이벤트론'이라고 이름 붙은 이 현상에 따라 ECRR은 스트론튬90에는 300배의 하중을 주어야 한다고 주장합니다.

ECRR이 ICRP를 전면부정하고 있는 듯 보일 수도 있지만 그렇지만은 않습니다. 우선 100밀리시버트 이상의 외부 피폭에 관해서는 ECRR도 ICRP의 모델을 따릅니다. 그리고 '흡수선량→등가선량→유효선량'이라는 계산 프로세스도 따릅니다. 약간 다른 하중을 곱하자는 제안이므로 전체적인 틀은 같습니다. 다만 내부 피폭이나 세컨드 이벤트와 같은 요소를 추가하여 하중을 계산해야 한다는 것이죠.

여기까지 보면 일반적인 논쟁으로 보입니다. 하지만 지금까지 설명한 과학적 논쟁 외의 부분에서도 ECRR은 ICRP를 비판하고 있습니다. ICRP는 핵무기와 원자력발전에 관여해온 조직으로 원자력산업에 찬성하는 쪽으로 편향되어 있습니다. 그래서 ECRR은 ICRP의 이 권고가 도움이 되지 않는다며 ICRP 자체를 정치적으로 비판하기도 합니다. ECRR의 연구자 입장에서 보면 ICRP의 연구자는 '어용학자'인 셈입니다. 반대로 ICRP의 연구자 입장에서 ECRR은 반원전파라는 편견을 안고 있는 반체제파인 셈이고요. 이 논쟁에는 그런 정치적 측면도 있다는 사실을 염두에 두기 바랍니다.

리스크 평가의 정답은 하나로 결정되지 않는다

그럼 우리는 이 논쟁을 어떻게 보아야 할까요? 여기 ICRP와 ECRR의 두 기준이 있습니다. 이 두 가지는 어떤 점에서 다를까요? 이것은 과학 모델의 두 가지 역할을 생각하면 이해할 수 있을 겁니다. 과학 모델은 크게 두 가지 역할을 수행하고 있는데, 그 둘 중 어느 쪽에 중점을 두는지가 ICRP와 ECRR 두 기준의 차이입니다.

과학 모델의 첫 번째 역할은 '현실의 데이터를 적절하게 설명하는 것'입니다. 피폭선량과 발암 리스크 사이에 뭔가 관계가 있다는 현실의 데이터가 있습니다. 이때 현실을 잘 설명하기 위해 모델을 구축합니다.

과학 모델의 두 번째 역할은 구축한 모델을 사용하여 '현실에서 일어나고 있는 일을 평가하는 것'입니다. 이 현상은 피폭이 원인인지, 다른 원인이 있는 건지, 혹은 어느 정도의 선량이면 대피하는 것이 좋은지, 이러한 질문에 대해 모델을 활용해 현실을 평가합니다. 과학 모델은 이처럼 현실을 설명하는 일과 현실에 적용하여 평가하는 두 가지 역할 사이를 움직이며 점점 나은 방향으로 나아갑니다.

과학 모델이 무엇인지 살펴봤으니 이제 ICRP와 ECRR의 기준을 살펴볼까요? ICRP의 기준은 권위 있는 단체의 기준으로서 국제적으로 적용되고 있기 때문에 현실에서 일어나는 현상을 평가하는 역할에도 중점을 두고 있습니다. 반면 ECRR의 기준은 히로시마와 나가사키 원폭뿐만 아니라 그후 일어난 체르노빌과 세라필드라는 두 사건을 바탕으로 모델 구축의 방향을 달리 해야 한다고 말하고 있습니다. 현실을 설명하기 위한 모델이라는 역할에 중점을 두고 있다고 볼 수 있죠.

그래서 양쪽 모두 과학적입니다. 과학 모델이 수행하는 두 가지 역할은 본래 상호보완적이므로 양쪽의 균형이 잡혀 있다는 사실이 중요합니다. 어느 쪽에 역점을 두든 그 나름대로 과학적이라는 사실은 틀림없습니다. 우리에게 중요한 것은 '과학적인 리스크를 평가할 때 단 하나의 정답으로 결정된다고 생각해서는 안 된다'는 점입니다. 또한 양쪽 모두 나름으로 정치적입니다. 시버트라는, 언뜻 중립적이고 과학적으로 보이는 단위에도 조직하중계수 계산 방법 등에 정치적 요소가 포함되어 있습니다.

질문할 수 있는 시민의 과학 리터러시 | 7

- 과학이 불확실 영역을 다룰 때 모델화와 추정방법의 차이에 따라 항상 몇 가지 다른 견해가 병립한다는 사실을 알고 있다.
- 다른 견해의 배경에는 정치적 대립의 가능성이 있다는 사실을 알고 있다.

냉정한 평가를 방해하는 선입견 극복하기

지금까지 ICRP와 ECRR의 논쟁을 예로 들어 과학이 수행하는 리스크 평가에는 각기 다른 기준이 있고 모두 그 나름대로 과학적이지만 정답은 하나가 아니라는 점을 설명했습니다. 다음으로 과학이 제공하는 리스크 평가에 대해 시민은 어떠한 태도를 취해야 하는지에 대해 조금 생각해봅시다.

ICRP든 ECRR이든 저선량 피폭 리스크에는 역치가 없다고 생각합니다. 그렇다면 어느 쪽의 입장을 지지하든 현실에서 발생하는 저선량 피폭에 대해 우리가 취해야 할 태도에서 공통점을 찾을 수 있을 겁니다. 즉 어느 정도의 저선량이든 리스크가 0이 아닌 이상 불필요한 피폭은 가능하면 피해야 합니다. 반대로 어디에 있든 어느 정도의 피폭은 불가피한 이상 정든 고향을 버리고 피난을 떠나야 하는 경우에 발생할 수 있는 실업과 수입의 감소, 삶의 보람과 긍지 상실, 건강상 피해, '오염' 식품과 물을 피하기 위해 드는 비용, 영양섭취 면에서의 리스크 등을 피폭 리스크로 고려하여 어떻게 해결해야 할지 판단하는 수밖에 방법이 없습니다. 단순히 피폭 리스크에만 주목해 그것을 피하기 위해서라면 무엇이든 하겠다는 태도는 불합리합니다. 요약하자면 '방사선 피폭 리스크'와 '방사선을 피함으로써 발생하는 리스크' 사이에서 균형을 찾아 '종합적인 리스크를 최소한으로 줄이려는 선택'이 중요합니다.

그러나 우리는 이러한 리스크 평가를 어려워합니다. 리스크는 일반적으로 발생할 수 있는 피해 정도에다 그것이 일어날 확률을 곱한 것으로 정의하는데, 우리가 추정하는 리스크는 그 정의에서 크게 벗어나는 일이 많습니다. 이것은 1부에서 살펴본 확증편향과 마찬가지로 우리의 리스크 인지에 독특한 왜곡이 있기 때문입니다. 리스크 심리학자인 나카야치 가즈야는 리스크에 관한 인지 왜곡에 대해 다음의 세 가지 점을 들고 있습니다.◆

① 우리는 본래 발생확률이 낮은 사건을 더 크게 추정한다.
② 우리는 미지의 두려운 일의 리스크를 과대하게 추정한다.
③ 우리는 다른 리스크와 비교되지 않고 단독으로 부각된 리스크를 과대하게 추정한다.

②의 '두려움'이란 통제되지 않고, 치명적이고, 비자발적인 상황에 노출되어 미래 세대에게 영향을 미치는 성질의 것을 말합니다. '미지'란 관찰할 수 없는, 노출되어 있어도 알 수 없는, 영향이 뒤늦게 나타나는, 과학적으로 밝혀지지 않은 것 등입니다. 원전사고는 그런 의미에서 '미지의 두려운' 사건입니다. 게다가 본래 발생확률이 낮은 사건이라는 점, 사고 직후 원전사고 관련 뉴스만 접하게 된다는 점까지 위의 세 가지 조건을 모두 만족시키고 있습니다.

그러므로 이러한 왜곡을 극복하기 위해 수치화된 리스크를 판단의 재료로 삼는 것은 필요한 일입니다. 그런데 중요한 요소임에도 불구하고 수치화 과정에서 탈락하는 경우도 있습니다. 이런 사

◆《리스크의 기준リスクのモノサシ》(NHK북스, 2006년)

실을 이해한 다음 위험성에 대한 냉정한 판단도구로서 수치화된 리스크를 참고하는 것이 질문할 수 있는 시민의 과학 리터러시입니다.

질문할 수 있는 시민의 과학 리터러시 | 8

- 자신이 리스크를 인지하는 데 선입견이 있다는 사실을 알고 있다.
- 편견을 피하고 리스크에 대한 판단도구로서 수치화된 리스크를 참고할 수 있다.

안전과 안심의 차이

리스크의 수치화에는 통계분석이 필요하므로 현실적으로는 전문가가 아닌 이상 리스크 평가는 어렵습니다. 그렇다면 우리 비전문가는 전문가가 해준 리스크 계산을 그저 따라가는 방법밖에 없는 걸까요? 한번 생각해봅시다.

이는 안전과 안심의 문제와 관련이 있습니다. 원전사고가 발생한 지 일주일쯤 후 NHK방송국의 〈아사이치〉라는 정보 프로그램에서 이런 대화를 나눴습니다. 시금치가 대화의 주제였는데 그때 방사선의학 전문의가 이렇게 말했습니다.

"이 정도의 방사선량이면 1년 동안 쌓아 놓고 먹어도 영향이 나타날까 말까 한 수준이기 때문에 괜찮습니다. 걱정되시면 잘 세척해 드시는 편이 좋습니다."

이 발언 자체는 틀리지 않았다고 생각합니다. 그런데 이분은 더 나아가 "하지만 제가 이만큼 안전하다고 말씀드려도 안심과는 다른 얘기니까 말이죠"라고 덧붙였습니다. 아무리 과학적으로는 안전하다고 해도 여러분은 안심할 수 없으시겠죠 라는 말입니다. 굉장히 현명한 말씀이죠. 마치 '안심이란 마음의 문제다. 과학적 안전성과 안심은 별개의 문제다'라고 말하는 듯합니다. 그럼 안전은 과학으로 결론 지어지는 이성적 문제이고, 안심은 마음이나 감정의 문제이며 비합리라는 이분법, 정말 괜찮은 걸까요?

과학자에게는 복합적인 문제를 논할 때 자신이 과학적이라고 생각하는 요인에만 특권적 역할을 인정하고 그밖의 요인을 정서적·취미적 문제로 잘라내버리거나 부차적으로 취급하는 경향이 있습니다. 어느 장소에 원전이 생깁니다. 전력회사 측은 '사고는 일어나지 않습니다. 원전은 이러이러한 시스템으로 되어 있기 때문에 안전합니다'라며 내진성과 안전성을 설명합니다.

주민들은 사고가 일어나지 않아도 뭔가 위험한 물질이 원전에서 배출되는 것이 아닌가 하고 불안해집니다. 그에 대해서도 회사 측은 수치적으로 평가할 수 있는 안전성 문제로 욱여넣어 설명합니다. 그러고는 과학적 설명의 범주가 포함하지 못한 '안심'은 마음의 문제라고 생각합니다. '그런 설명만으로는 안심할 수 없다'는 사람은 비과학적이고 비합리적인, 감정에 휩쓸려가기 쉬운 사람이 되고 맙니다.

안심은 마음의 문제가 아니다

이처럼 안심을 '마음먹기에 달린' 문제라고 생각하는 경향은 뿌리 깊지만, 여기서 저는 안심에 대해 조금 다른 생각을 제안하고자 합니다.

앞에서도 소개한 <롯카무라 랩소디>는 1993년부터 아오모리 현 가미키타 군에서 건설이 추진되고 있는 롯카무라 핵연료 재처리시설에 대해 찬성파, 반대파, 판단중단파에 이르기까지 다양한 사람들과의 인터뷰를 중심으로, 재처리시설이 지역사람들의 일상을 어떻게 바꾸어갔는지 그 자취를 따라간 기록영상입니다. 이 영상에 등장하는 사소 세에쓰라는 젊은 토마토 농사꾼의 말에 주목해봅시다.

> 재처리시설은, 예를 들자면, 음, 땅 같은 거예요. 자, 집을 지어보자, 가족들 모두가 함께 지내는 따뜻한 집을 만들어보자. 이렇게 마음을 먹었는데, 그 집을 짓고 있는 부지 안에 지뢰가 묻혀 있다면 안심하고 집을 지을 수 있을까요? 그야 밟지 않으면 폭발하지 않을 수 있다고 생각할 수도 있겠죠. 충분히 조심하면 지뢰는 폭발하지 않을 거고 평생 불발인 채로 남을 수도 있겠지만, 발밑에 늘 지뢰가 있다고 생각하면서 살 수 있겠냐는 거예요. 웬만큼 둔감하지 않고서야 무리한 얘기죠.

이 이야기는 안전과 안심을 굉장히 잘 말해주고 있습니다. 안전이라는 것은 '지금'의 일입니다. 여기에 묻혀 있다고 표시를 해둔다면 '지금'은 밟지 않겠죠. '지금' 밟지 않으면 안전하다는 것입니다. 그런데 이 집에서 계속 살아가려면 '지금'뿐 아니라 앞으로도 계속 안전을 신경 써야 합니다. 조금이라도 그 사실을 잊어버린다면 안전하지 않은 상태가 되어버립니다. 이러한 시스템은 설령 안전은 하더라도 안심할 수는 없습니다.

안전이라는 것은 지금 눈앞에 있는 것을 말하지만, 안심은 지금만의 문제가 아니라 그 안전이 미래에도 확보될지, 과학적으로 불확실한 구석이 있는 대상과 계속 잘 지낼 수 있을지에 관한 '시스템의 신뢰성 문제'입니다.

원자력발전에서 안전과 안심

따라서 원자력발전은, 물론 안전이 첫 번째지만 문제는 그뿐이 아닙니다. 가동 중인 원자로에서 방사성물질이 유출되지는 않는지, 지진과 지진해일로 원자로가 사고를 일으키지는 않을지만큼이나 '원자력발전을 미래에 지속해도 괜찮을 것인가? 이를 유지할 수 있을 것인가?' 하는 점도 중요합니다. 방사성물질이 유출되지도 않고 원자로가 고장나지만 않아도 안전한 기술이겠죠. 그러나 원자력발전을 안전하게 지속할 수 있을지에 대한 문제가 해결되지 않는 한 안심할 수 있는 기술이라고는 할 수 없습니다.

즉 '지금은' 안전하다고 해도 미래에도 그 안전이 확보될 수 있는가, 그러려면 비용을 어떻게 해야 할 것인가라는 시스템의 유지

가능성에 관한 이야기가 중요합니다. 여기에는 원전에 종사하는 과학자들의 윤리와 원전 관련 기업 내부의 준법 시스템compliance, 감독 관청의 독립성 등의 사회적·정치적·경제적 요인까지 얽혀 있습니다.

유지 가능성 문제는 핵폐기물 관리 문제에서 두드러집니다. 우라늄 연료를 사용하면 플루토늄이 생성됩니다. 그런데 플루토늄을 재처리해 한 번 더 태우는 리사이클이 제대로 이루어지지 않아 점점 쌓여갑니다. 따라서 현재 남아 있는 플루토늄은 매장할 수밖에 없죠(지층 처분). 그러나 매장한다면 어디에 해야 하는 걸까요? 안전이 확보되기까지 10만 년 동안 안전하게 묻어둘 수 있는 장소를 찾아야 할 뿐만 아니라 매장한 장소를 10만 년 후의 사람들이 파헤치는 일이 있어서도 안 됩니다.

이런 경우 최대의 위험요인은 인간 자신입니다. 3,000년, 4,000년 후 고고학자가 매장한 곳을 발굴할지도 모릅니다. 이것은 방금 전 예로 든 것처럼 '그러한 리스크를 미래 세대에게 떠넘겨도 되는가' 하는 세대 간의 윤리문제인 동시에 사회 시스템이 나아갈 방향과도 관련이 있습니다.

탈원전을 일관적으로 주장해온 시민과학자 다카기 진자부로高木仁三郎는 플루토늄과의 공존은 관리사회화로 이어진다고 지적했습니다.◆ 부연하자면 플루토늄은 민주주의와 양립할 수 없다는 말이 되겠죠. 핵연료 리사이클이 시작되고 플루토늄이 국내를 이

◆ 《플루토늄의 공포プルトニウムの恐怖》(이와나미 신서, 1981년)

동하게 되면 비록 안전하다 해도 현재와 같은 자유는 훼손될 것입니다. 왜냐하면 누가 어디에서 무엇을 하는지 모르는 것과 마찬가지인 상태로 플루토늄을 운반하는 것은 리스크가 크기 때문입니다. 따라서 플루토늄과 공존하는 사회는 매우 관리지향적인 사회가 되지는 않을까 우려됩니다.

시금치를 '지금' 먹어도 좋을지 결정할 때는 리스크 계산에 근거한 안전성 예측이 유효합니다. 안심은 덤으로 여겨지는 마음의 문제처럼 보입니다. 그러나 원자력발전을 '앞으로도' 지속해나가야 하는가 하는 문제를 논의할 때 안심의 문제는 시스템의 유지가능성 문제로 부상합니다. 그러려면 앞서 소개했듯이 다양한 문제를 고민해야 하죠. 이러한 문제를 해결하지 않으면서 안심할 수 있는 기술이라는 것은 어불성설입니다.

이 문제들은 전형적으로 트랜스-사이언스적입니다. 지층분리지 결정, 사용 후 핵연료 유리고화기술과 같은 과학적 문제부터 우리의 라이프 스타일 선택, 세대 간 윤리, 사회시스템 설계 등에 걸쳐 있기 때문입니다. 과학 없이 해결할 수 없지만 과학만으로는 해결할 수 없는 문제입니다.

과학기술에 '안심'을 요구한다는 것은 마음을 달리 갖는다거나 정서적이고 주관적인 태도를 갖는 것이 아닙니다. 과학기술에 대해 안심할 수 있는가 하는 문제는 충분히 합리적이고, 과학적·학문적으로 논의가 가능합니다.

질문할 수 있는 시민의 과학 리터러시 | 9

- 과학과 기술에 '안심'을 요구하는 것은 합리적이고, 과학적·학문적으로 논의 가능하다는 것을 알고 있다.

리스크 논쟁은 무엇에 뿌리를 두고 있는가

'안심'이라는 문제도 과학적·학문적으로 논의할 수 있습니다. 이것은 리스크 평가, 리스크 논쟁에 어떤 시사점을 던져주고 있을까요? 앞에서 리스크 논쟁은 안전성과 리스크가 문제인 듯해도 실제로는 다양한 문제 가운데 무엇을 문제로 삼을 것인가 하는 프레이밍의 불일치에 뿌리를 두고 있는 경우가 많다고 말했습니다. 리스크 평가에서는 무엇을 리스크로 볼 것인가, 무엇을 문제점으로 간주할 것인가에 관한 조정이 적절하게 이루어져야 합니다. 과학과 기술을 둘러싸고 사회적으로 이러한 결정을 내려야 하는 장면에서 시민의 과학 리터러시는 중요한 역할을 담당합니다.

물론 과학적인 리스크 평가는 존중해야 합니다. 발암 리스크에 대한 평가는 도움이 됩니다. 시금치를 먹어도 될지 정할 때의 결정적 기준이 되겠죠. 아니면 긴급상황 시 작업자가 방사성 물질로 오염된 현장에서 얼마나 오래 일해도 되는지를 결정할 경우 과학적 리스크 분석은 대단히 큰 역할을 합니다.

그러나 미래에 원자력발전을 어떻게 할 것인가 하는 문제의 경

수 점점 늘려야 한다는 이쪽 극단에서 지금 당장 전면 폐지해야 한다는 저쪽 극단 사이에 무수한 선택지가 있습니다. 그리고 그중 어떤 것이 좋을지 결정할 때는 암 발생 리스크만으로는 기준이 너무 협소합니다. 부분적으로 도움이 되는 데 그치고 말죠. 어떤 경우 고향을 잃고, 일자리를 잃고, 지역사회가 붕괴되는 등의 리스크도 있습니다. 누가 그 리스크를 짊어지느냐 하는 리스크 분담의 공평성 문제도 있을 것입니다.

과학적 리스크 평가를 존중하면서도 사회적·정치적 문제, 책임과 윤리에 관한 문제, 시스템의 신뢰성과 지속가능성에 관한 문제 등을 고려해 '다원적 프레이밍을 제안할 수 있는 주체는 시민'입니다. 전문가는 그 일을 할 수 없습니다. 왜냐하면 프레이밍을 좁히는 것이야말로 그들의 존재 이유이기 때문입니다. 무리하게 맡긴다 해도 '그런 것까지는 모른다'고 할 수밖에 없고, 그러면 서로 불행해집니다. '원자력 마을'◆이라 불리는 특정 전문분야 사람들끼리만 과학과 기술에 관한 사회적 결정을 내리는 판을 짠다면 매우 위험하다는 것을 우리는 이미 배운 바 있습니다.

질문할 수 있는 시민의 과학 리터러시 | 10

- 능력 있는 시민은 리스크 평가가 안전성과 리스크를 문제 삼는 듯

◆ 원자력발전을 추진함으로써 이익을 확보해온 정치집단을 비판적으로 이르는 말이다_옮긴이

보여도 실제로는 뿌리 깊숙한 곳에 프레이밍의 불일치가 있다는 사실을 알고 있다.

- 과학·기술과 관련해 사회적 결정을 내려야 할 때 과학적 리스크 평가를 존중하는 동시에 더 나아가 사회, 정치, 윤리, 책임, 신뢰성 등까지 고려한 복합적·다원적 프레이밍을 제안할 수 있다.

9장

도대체 시민이란 누구지?

의미 없는 '완전 문화인' 몰아가기

지금까지는 현재 일본에 '시민'이 존재한다는 것을 전제로 강의를 진행했습니다. 그런데 지금 일본에 과연 시민이 있을까요? 그 전에 대체 시민이란 구체적으로 어떤 사람을 가리키는 걸까요?

시민이란 '대화를 통해 사회를 짊어지는 주체'를 말합니다. 일본에서는 이런저런 일이 온정주의 관점에서 추진되어왔습니다. '알리지 말 것이며 다만 복종시킬 뿐이다'라는 말도 있듯이 말입니다.

"윗선에서, 전문가가 잘해줄 테니까 가만히 따라와라."

전문가가 아닌 사람들은 그 말에 따랐습니다. 그 결과 평소에는 아무 말 없이 윗분들과 전문가들에게 맡겨놓고 뭔가 일이 발생하면 마음껏 불만을 터뜨리자는 태도가 몸에 배어버렸습니다.

우치다 다쓰루内田樹의 탁월한 비교를 빌려와 제가 생각하는 시민이란 어떤 사람들인지 말해볼까 합니다.◆ 사고로 통근전차가

◆《혼자 못 사는 것도 재주ひとりでは生きられないのも芸のうち》(분슌문고, 2011년)

멈췄을 때 역무원에게 달려가 항의하는 사람은 시민이 아닙니다. 대중입니다. 복구작업을 돕든가 최소한 복구작업에 방해가 되지 않도록 노력하는 사람이 시민입니다. 연금 비리가 있어났을 때 연금을 내기 싫어졌다고 말하는 사람은 대중이고, 어떻게 하면 연금 제도를 바로 세울 수 있을지 논하는 사람이 시민입니다.

대중과 시민의 다른 점은, 우선 시민은 자신이 시스템의 일부, 공적인 것의 일부이므로 스스로 무언가를 해야 시스템이 제대로 기능한다는 사실을 알고 있습니다. 과학·기술의 시빌리언 컨트롤에 대해서도 전적으로 동의합니다.

후쿠시마 원전사고에 대한 반응만 보아도 지금까지 도쿄전력과 정부에 맡겨둔 채 방관하다가 시스템이 무너지니 끝도 없이 불평만 늘어놓을 뿐이었습니다. 이것은 대중의 행동입니다. 과거 원전 광고에 동원된 문화인을 비난하기도 하죠. '원전 문화인'◆ 리스트가 마치 A급 전범 명부처럼 나돌기도 합니다. 이런 행동은 아무 도움이 되지 않습니다. 그 전에 '이 나라의 원자력발전을 어떻게 해야 할지 시민으로서 고민해본 적이 있는가, 발언한 적이 있는가'를 자문해야 하지 않을까요?

◆ 원전 안전신화를 날조해왔다고 비판받는 원전 추진파 인사들을 말한다_옮긴이

이제 설득은 중요하지 않다

리스크 커뮤니케이션에 대해서도 같은 이야기를 할 수 있습니다. 방사선 리스크와 관련된 일반인을 위한 과학 커뮤니케이션은 원자력 안전성 논의의 일환으로 추진되고 있었습니다. 이때 지배적인 분위기는 원자력 추진이든 원자력 반대든, 설득 내지는 계몽이었습니다. 여기서 전문가는 지식을 독점하는 자로 행동합니다. 즉 '나는 모든 것을 다 알고 있다. 그런 내가 너희들에게 지식을 전수해주마. 이걸 배우면 원자력발전이 얼마나 안전한지(혹은 위험한지) 알게 될 것이다. 그러니 나를 믿어'라는 식이죠. 이러한 커뮤니케이션 양식을 '설득의 수사학'이라고 부릅니다.

후쿠시마 원자력발전소 사고는 원전의 방사선에 관한 이런 형태의 커뮤니케이션에 사소하지만 중대한 변화를 가져오지 않았나 생각합니다. 7장에서 소개한 히라카와 히데유키는 이번 사고로 '이상사태의 일상화'라는 상황이 발생했다고 지적했습니다.◆ 거주하지 못하는 곳이 생기고 원자로 폐쇄에 수년이 걸립니다. 오염된 토양에서 오염물질이 제거되기까지 현재 진행 중인 '방사능 오염'으로부터 어떻게 내 몸을 지킬 수 있을지를 지속적으로 고민하며 살아가야 합니다.

게다가 이것은 원자력발전 찬성 여부를 막론하고 하루하루 직

◆ 〈3·11 이후의 과학기술 커뮤니케이션의 과제〉(《더는 속지 않기 위한 '과학' 강의》 중에서)

변할 수밖에 없는 현실입니다. 이렇듯 방사선 리스크에 관해서는 더 이상 설득의 수사학은 기능하지 않습니다. 안심시키는 것과 불안을 부채질하는 것, 둘 다 현재로서는 실재하는 방사선 대책의 방향으로는 적당하지 않습니다.

설득의 수사학은 커뮤니케이션에서 온정주의의 한 형태입니다. 누군가 신뢰할 만한 전문가를 찾아내보자고 생각하는 이상, 비전문가도 이 온정주의의 공범자입니다. 계속 그런 태도를 유지한다면 결국 '대체 누구 말을 믿어야 하는 거야'라는 말밖에 나올 수 없지요. 전형적인 '대중'이죠.

온정주의에서 벗어나는 사람들

좋든 싫든 방사능 오염과 함께 살아갈 수밖에 없게 된 3·11 이후의 일본에서는 방사선 방호문제에 있어 시민들의 주체적 의사결정을 돕는 과학 커뮤니케이션으로의 전환이 시작되고 있습니다.

방사선의학 분야의 나카가와 게이치中川恵一는 지진 후 펴낸《방사선의 비밀》에서 ICRP의 권고를 중심으로 다양한 기준치가 성립된 배경을 해설한 다음 '대피와 규제에 따르는 다양한 리스크와 심리적 부담과 피폭 리스크를 감안하여 더 '나은' 쪽을 선택해야 합니다'라고 결론짓습니다.◆ 그리고 이어지는 다음 구절이 중요

◆《방사선의 비밀放射線のひみつ》(아사히출판사, 2011년)

합니다.

"리스크를 받아들이는 당사자가 주체로서 실정에 맞는 유연한 대책을 취하는 것이 바람직하다고 말할 수 있겠죠."

말하자면 리스크를 저울에 올려놓고 대응방법을 결정할 주체는 정부도 과학자도 아닌 그 리스크를 받아들이는 당사자, 즉 시민이라는 것입니다. 다시 말해 '무엇이 가능한 한 합리적으로 피해야 하는 피폭 리스크인가'는 단순히 과학적 합리성에만 근거하는 것이 아니라 사회적 합리성까지 고려해야 한다는 사실을 인정하고 있는 것입니다. 이러한 기본적 입장을 기초로 나카가와는 다음과 같이 제안합니다.

① 개인의 피폭량에 맞는 세심한 대책을 세울 수 있도록 개인선량계를 주민에게 배포한다.
② 방호대책의 최적화(피폭이 가져올 불이익과 경제적·사회적 불이익과의 균형을 취할 것)뿐만 아니라 방호대책의 정당화(사람들에게 불편을 강요하는 데 대해 정당한 근거를 제시할 것)를 실시한다.
③ 방호대책을 결정하는 데 있어 근거가 되는 데이터와 의사결정 프로세스를 투명화하고 제3자가 확인할 수 있도록 한다.
④ 방사선방호대책 계획 수립에 주민 스스로가 적극적으로 참여할 수 있는 시스템을 만든다.

이상은 《방사선의 비밀》을 참고로 제 나름대로 정리한 내용입니다. 이 제안의 핵심을 한마디로 말하자면 '방사선 방호의 탈온정주의'입니다. 세간에서 나카가와의 대조적 위치에 있는 것으로 평가받는 고이데 히로아키도 이 점에서는 다르지 않습니다. 고이데는 자신의 책《원전의 거짓말》에서 식품의 잠정적 규제에 대해 언급하며 다음과 같이 말합니다.◆

"왜 소비자가 알 수 있도록 식품 하나하나에 '오염도'를 표시하지 않는 걸까요? 오염도만 표시하면 개개인이 자신의 판단으로 먹어도 될지 말지를 결정할 수 있습니다. 자신의 생명과 관련된 기준을 타인이 결정하도록 두는 지금의 방법은 근본적으로 틀렸습니다. …… 중요한 것은 '자신의 피폭을 용인하고 말고는 스스로 결정한다'는 것입니다."

또 이 논점을 확대해 지금까지 원전을 용인해온 사람들의 책임을 묻습니다.

"여러분은 '원자력에 대해서는 아무것도 몰랐다', '나는 아무 책임도 없어', '안전하다고 주장해온 정부와 전력회사 탓이야'라고 생각할지도 모릅니다. 그러나 속은 사람에게는 속은 사람대로 책임이 있습니다."

불확실한 것에 관해서는 수많은 정보가 등장하게 마련입니다. 전문가에게 맡겨두지 않고 그 안에서 취사선택을 함으로써 '이게 제일 제대로 된 거 맞지?'라는 태도로 스스로 선택하며 살아갈 수밖에 없습니다. 시민으로서 스스로 결정하기 위해서도 일정한 과학 리터러시가 필요합니다. 일부러 도발적으로 말씀드리자면 자

◆《원전의 거짓말原発のウソ》(후소샤, 2012년)

신이 직접 시민이 되어 과학·기술이 장악한 이 사회를 어떻게든 건전한 방법으로 유지해나가고자 하는 고민을 하지 않는다면 과학 리터러시 같은 건 필요도 없겠죠.

'시민이 되고 싶지 않다면 애초에 과학을 배울 필요가 없습니다.'

여기에 시민이 있다!

끝으로 '아, 여기에 시민이 있다!' 하고 생각하게 해준 사람을 소개하고 마치겠습니다. <롯카무라 랩소디>에 등장하는 도마베치 야스코라는 분입니다. 도마베치는 아오모리 현 도와다 시에서 오랫동안 무농약 쌀을 재배해왔습니다. 그런데 롯카무라의 재처리공장에서 일종의 시운전인 액티브실험을 실시하자 굴뚝에서 방사성 물질이 나옵니다. 그는 반대했지만 시험은 실시되었고 결국 방사성 물질이 방출되었던 겁니다.

이때 도마베치는 자신이 재배한 쌀을 구입해주는 도시의 소비자에게 설문조사를 합니다. 이러한 실험이 있고 일설에 따르면 그 실험에서 하루에 나오는 방사성 물질이 이만큼이다. 이것이 내가 파는 쌀을 오염시킬 가능성이 있는데 그래도 내 쌀을 사시겠습니까 하고 말이죠.

도마베치의 행동에는 일관성이 있습니다. 재처리공장에 대해서는 위험하니 방사성 물질이 나오는 실험을 중단하라고 주장했습니다. 그때 만약 소비자에게 '안전하니까 사주세요'라고 했다면 재처리공장과 다를 바 없어집니다. 하지만 그는 이 쌀은 위험해졌을지도 모른다는 정보를 공개한 다음 그래도 구입하겠느냐고 물었습니다. 그리고 예상대로 많은 사람들이 구입하지 않겠다고 답했죠. 도마베치의 말을 소개해볼까요?

핵연료도 그랬잖아요. 도쿄대의 높은 교수님이 “핵연료는 안전합니다!” 하고 도장을 찍어주잖아요. 당연히 도쿄대 교수님이 말했으니까, 대학교수님 말이니까 괜찮겠지 뭐, 한단 말이죠. 근데 뭐야, 이번엔 다른 교수님이 “아니, 걱정스럽습니다!” 하잖아요. 뭣이 뭣인지 알 수가 있나. 그냥 내가, 그러니까, 내가 정하는 거예요, 대학교수님이 아니라. 나밖에 없어요.

도마베치는 ‘도쿄대의 훌륭한 교수님이 와서 괜찮다는 도장을 찍어주고 갔는데, 다른 교수님이 와서는 중단해야 한다고 말합니다. 어느 쪽이 맞는지 모르겠습니다. 하지만 결국 마지막에 정하는 것은 나 자신이니까요’라고 말합니다.

누군가를 덮어놓고 믿고 따라가는 것이 아니라 여러 정보를 수집해 공부한 뒤 자기 나름대로 이게 가장 타당하지 않을까 하고 고민하다보면 결국 참여하게 됩니다. 그 결과 설령 쌀이 팔리지 않아 손해를 보았다 해도 이렇게 가자고 결정한 것은 나 자신이니까 책임은 내가 지는 거죠. 굉장히 훌륭한 태도입니다. 일본의 미래는 앞으로 이런 시민들이 얼마나 늘어나느냐에 따라 크게 좌우될 것입니다.

한번은 '크리티컬 씽킹' 수업에서 유사과학을 다룬 적이 있습니다. 혈액형 성격 진단에는 근거가 없다는 주제로 다양한 연구결과를 활용하며 그야말로 열띤 강의를 펼쳤죠. 나중에 수업내용에 관해 리포트를 제출하라고 했더니 어떤 학생이 느낀 점을 이렇게 썼더군요.

"저는 제멋대로에 무책임하고 야무지지 못한 사람이라고들 하는 B형입니다. 그런데 스스로 그렇다고 생각하면 편하더라고요. 그래서 앞으로도 혈액형 성격 진단을 믿을 것 같습니다."

기운이 빠졌습니다. 사이먼 앤 가펑클의 명곡 '복서The Boxer'가 떠올랐습니다. 그 노래에 사람은 듣고 싶은 것만 듣고 나머지는 모른 체한다는 뜻을 담은 가사가 있죠. 하지만 이렇게 말해주니 오히려 속이 시원했습니다. 우리는 그 가사처럼 믿고 싶은 것만을 믿도록 만들어져 있으니까요. 심리학자들은 인간의 마음에 이미 다양한 인지적 편견이 있다는 것을 밝히고 있습니다. 우리는 스스로 생각하는 만큼 합리적이지 않습니다. 오히려 적당히 어리석은 편이 진화상 유리했을 것입니다.

이 책의 1부는 과학적 사고를 주제로 한 크리티컬 씽킹 입문이기도 합니다. 이렇게 말하면 타인의 주장에 이의를 제기하여 상대를 쓰러뜨리기 위한 기술이라고 오해하는 분이 등장하곤 합니다. 그러나 그렇지 않습니다. 이의를 제기할 상대는 자기 자신이어야 합니다. 스스로 인지적 편견의 먹잇감이 되어 있지는 않은지, 믿고 싶은 것만을 믿고 있지는 않은지를 따져보고 스스로의 생각에 비판적인 기준을 적용하는 기술이 크리티컬 씽킹이자 과학적 사고입니다.

과학자들도 인간이기 때문에 예외는 아닙니다. 한 사람씩 놓고 보면 늘 그렇게 합리적으로 판단할 수만은 없다는 것을 알 수 있습니다. 민족주의와 이데올로기에 눈이 멀어 유사과학적 경향이 내포된 판단을 내리거나 데이터 위조, 실적 가로채기 등 약삭빠르게 행동하는 사례는 과학사를 통틀어 얼마든지 찾아볼 수 있습니다.

그러나 과학은 전체적으로는 보아 신뢰할 수 있는 행위라고 생각합니다. 과학은 그러한 개인의 비합리성이 초래하는 문제를 집단의 힘으로 해결하는 시스템을 갖추고 있기 때문입니다. 학회를 만들어 서로를 평가하고, 논문은 동료평가를 거쳐 일정한 수준을 만족시킨 것만 게재되고, 놀라운 실험결과가 보고되면 다른 그룹이 추가 실험을 실시합니다. 과학의 역사는 분명히 '불상사'로 가득 차 있지만, 그것을 발견하고 고발해온 것 역시 과학입니다.

과학은 이처럼 집단화, 조직화, 제도화에 성공함으로써 개인의 어리석음을 상쇄하고 있습니다. 과학이 인류에게 큰 도움이 되는 이유는 바로 이 때문입니다. 그러므로 기본적으로는 과학을 신뢰하는 것이 합리적 판단이라고 생각합니다.

하지만 이를 뒤집어보면 과학이 조직적 차원에서 변질될 경우 비정상적인 방향이 된다는 것을 의미하기도 합니다. '원자력 마을'이라는 표현은 건전성을 잃어버린 과학자 집단을 뜻하는 것이겠죠. 따라서 과학자가 계속 우리에게 믿고 의지할 수 있는 존재가 되려면 시빌리언 컨트롤이 중요합니다. 근대가 우리에게 선물한 두 가지 귀중한 재산인 과학과 민주주의를 어떻게 잘 조화시킬 것인가. 이것이 그 재산을 물려받은 우리의 과제입니다. 이 책이 그 과제를 해결하는 데 조금이라도 도움이 된다면 좋겠습니다.

이 책은 과학적 사고를 주제로 일반인을 대상으로 진행한 강의에 내용을 덧붙이고 수정하여 책으로 만들어보자는 구상에서 시작되었습니다. 이렇게 책을 내는 것은 처음이라 재미있겠다는 생각에 출간을 결정하게 되었습니다. 당초 예정되어 있던 강의는 동일본대지진으로 인해 연기되었는데, 당시의 지진과 원전사고는 강의의 주제를 근본적으로 재고하도록 했습니다.

이 책에는 많은 분들의 가르침이 담겨 있습니다. 먼저 <더 알고 싶다면>에 소개한 저자들, 강의에 참여해준 시민 여러분에게 감사드립니다. 또 뇌과학 관련 사례를 들려준 뇌영상 인식론 연구자 나고야대학교 이노우에 겐에게 많이 배웠습니다. 광속보다 빠른 것으로 보고된 중성미자 연구결과에 관한 과학자들의 반응은 오페라 실험팀의 고마쓰 마사히로, 나가나와 나오타카(이상 나고야대학교)와의 수다에서 얻은 부분이 많습니다. '새로운 과학철학을 만드는 모임(우익집단이 아닙니다)' 멤버 여러분과의 일상적 토론에서 현장의 과학자들이 어떻게 사고하는지에 관해 배웠습니다.

감사의 마음을 전합니다.

무엇보다 저의 산만한 강의로 초고를 만들어준 사이토 데쓰야 작가, 고맙습니다. 사이토 작가가 정리해준 원고를 읽으면서 내가 이렇게 멋진 말을 했었나 하고 생각했습니다.

끝으로 NHK출판의 오바 단에게는 무어라 감사의 인사를 해야 할지 모르겠습니다. 편집부 가토 가오리에게도 신세를 졌습니다. 이 책은 오바와 함께 만든 세 번째 책입니다. 오바의 적확한 조언과 안정적인 업무처리 덕에 'B형'인 저는 아주 큰 도움을 받고 있습니다.

도다야마 가즈히사

과학을 제대로 이야기하기 위한 연습문제 해설

1 | 33쪽

예비과학자 미래가 대화에서 밀린 실패 요인을 정리하면 두 가지를 들 수 있습니다.

① 우선 물이 인간의 언어를 이해하지 못한다는 것이 과학적으로 '맞다'고 말했기 때문에 처음부터 실패였습니다. 미래는 여기서 과학적으로 맞는 것과 그렇지 않은 것, 가설과 사실의 이원론에 빠지고 말았습니다. 창조론자와 똑같은 태도입니다. 그래서 은기의 "어차피 가설 아니야? 그러니까 다 대등한 거지" 논법의 먹잇감이 된 것입니다. 미래는 은기와 마찬가지로 양쪽 다 가설이라고 간주한 상태에서 어느 쪽이 더 좋은 가설인가 하는 문제를 고민했어야 합니다. 물이 언어를 이해할 수 있다는 가설과 이해하지 못한다는 가설 중 어느 쪽이, 지금까지 과학을 통해 밝혀진 사실에 대해 정합성을 갖추고 있는가, 좋은 가설의 기준을 충족시키고 있는가, 증거가 더 많은가 하는 점을 비교해보았다면 좋았을 텐데 말입니다. 그렇다면 승패는 저절로 갈렸을 것입니다.

② 미래의 두 번째 실수는 과학이 회색영역에서 조금씩 진보한

다는 사실을 잊은 것입니다. 과학자가 받아들이고 있는 논리(정설)는 '지금까지 얻은 증거에 비추어 가장 맞는 듯 보이는 것'입니다. 은기가 말한 대로 미래가 지금 받아들이고 있는 이론은 나중에 틀렸다고 판명될지도 모릅니다. 그러나 거기까지 보장할 필요는 없습니다. 지금 시점에서 밝혀진 사실에 비춰보면 물은 언어를 이해한다는 가설보다 이해하지 못한다는 가설 쪽의 증거가 훨씬 탄탄합니다. 물이 언어를 이해한다는 가설이 아니라 그렇지 않다는 가설을 받아들여야 하는 합리적 이유가 (지금 시점에서) 충분히 있다고 말하면 됐을 것입니다.

2 | 56쪽

②가 더 좋은 가설입니다. 왜냐하면 ①은 ②에는 없는 정체불명의 요소를 포함하고 있기 때문입니다. 정체불명의 요소란 '위해서'라는 부분입니다. 새의 부리가 커지면(원인) 딱딱한 열매를 먹을 수 있습니다(결과). 여기까지는 괜찮죠. 그런데 ①에서는 딱딱한 열매를 먹기 '위해서'라는 목적을 들면서 부리가 커졌다는 사실의 원인을 설명하고 있습니다. 이를 목적론적 설명이라고 합니다. 이런 경우 결과를 들어 원인을 설명하는 셈이죠. 원인은 결과를 설명할 수 있지만 일반적으로 결과는 원인을 설명할 수 없습니다. 다시 말해 딱딱한 열매를 먹으려는 목적이 어떻게 부리의 크기를 키웠는가 하는 의문은 그대로 남아 있습니다.

이에 비해 ②에는 일반적 방향의 인과관계가 등장합니다. 오랜 가뭄으로 기후가 건조해졌다→딱딱한 열매가 늘었다→부리가 큰 새가 살아남아 자손을 남기기 쉽게 되었다→새의 부리가 평균적으로 커졌다. 전부 일반적 방향의 인과관계죠. 그러므로 여기에는 정체불명의 요소가 포함되어 있지 않습니다.

실제로 ①과 같은 목적론적 설명 대신 ②와 같은 일반적인 인과관계만을 포함하는 인과적 설명을 제시한 것이 다윈의 업적이었습니다.

3 | 82쪽

① 풍선에 든 기체의 온도가 높아지면 압력도 커지는 거시적 현상을 이 기체의 미시적 정체(떠다니는 수많은 분자)의 예를 들어 설명하고 있습니다. 정체규명을 통한 설명입니다. 온도 상승, 압력 상승은 모두 기체를 구성하는 분자의 속도가 빨라져서 생긴 현상입니다.

② 달이 생긴 원인을 행성의 충돌로 설명하고 있습니다. 원인규명을 통한 설명입니다.

③ 제트코스터의 운동이 가지는 규칙성(위에서는 느리고 아래에서는 빠른)을 설명하고 있습니다. 이렇듯 관찰을 통해 알 수 있는 법칙성을 현상론적 법칙이라고 합니다. 선생님은 이 현상론적 법칙을 에너지보존의 법칙이라는 더 보편적인 법칙의 예로 설명하고 있습니다. 뉴턴의 통합과 똑같이 ②의 보편적 이론 포섭을 통한 설명이겠죠.

4 | 99쪽

① 귀추

만약 UFO가 착륙했다면 미스터리 서클은 분명히 만들어졌을 것입니다. 그런 의미로 보면 여기서 말한 전제도 맞긴 합니다……만, 미스터리 서클이 생겼다는 것을 설명하는 가설로서 조금 더 무리 없이 자연스럽게, 그럴 듯한 것을 생각해볼 수 있습니다. 누군가의 장난이라는 가설은 어떨까요? 똑같은 현상을 설명하는 더 좋은 가설이 있기 때문에 이 추론은 '최선의 설명을 위한 추론'은 아닙니다. 그러므로 우주인이 지구에 왔다는 결론은 신뢰할 수 없습니다.

이처럼 귀추에 대해서는 여기서 형성된 가설이 반드시 가장 좋은 것이 아니라는 방식으로 이의를 제기할 수 있습니다. 실제로 1991년 영국의 노인 두 명이 미스터리 서클은 자신들의 장난이었다고 밝히며 사람의 힘으로 미스터리 서클을 손쉽게 만들 수 있음을 시연해 보여, 이 대체 가설 쪽의 가능성에 더 힘이 실렸습니다. 여담이지만 이 할아버지들, 재미있으시네요.

② 귀납법

안됐지만 내일 너는 통닭이 되어 있을 거야, 하고 말해주어야겠죠. 이것은 귀납법이 어디까지나 개연적인 것에 지나지 않는다는 사실을 말하기 위해 영국의 버트런드 러셀이라는 철학자가 사용한 예입니다.

③ 유추

석탄 연료가 '타는' 현상과 우라늄 연료가 '타는' 현상이 비슷한 것은 양쪽 다 열에너지가 발생한다는 부분까지입니다. 열에너지가 나오는 원리는 상당히 다릅니다. 석탄 연료가 '타는' 것은 석탄이 공기 중의 산소와 결합하는 것입니다. 그러나 우라늄 연료가 '타는' 것은 우라늄이 산소와 결합하는 것이 아닙니다. 우라늄의 원자핵이 분열해 거기서 나온 중성자가 다른 우라늄 원자핵을 분열시키는 연쇄반응을 할 때 원래 우라늄 원자핵의 질량과 분열된 후 원자핵의 질량의 차이만큼 에너지로 변환돼 열이 나는 것입니다. 따라서 산소를 차단해도 원자로 안의 우라늄 연료가 '타는 것'을 멈출 수는 없습니다.

5 | 113쪽

① 이 문제는 이 책 전체를 읽은 후에 푸는 것이 대답하기 좋을 것 같기는 합니다. 그래도 지금 대답해볼까요? '의학적으로 증명되었다'는 말을 습관처럼 한다는 대목에는 동감입니다. 다만 문제를 가져온 대담에 참여했던 대담자 중 한 사람인 요로와는 다른 의미로요. 이렇게 말하면 습관처럼 '증명'을 들먹인다는 것이 구체적으로 무엇을 가리키는지 잘 알 수 없게 됩니다.

'폐암의 유일한 원인은 담배다'라는 주장이 100퍼센트 확인되어 의심할 여지가 완전히 없어지고 앞으로도 계속 뒤집힐 일이 없는 상태를 '의학적으로 증명되었다'라고 한다면 담배의 원인에 관한 가설에 대해 '증명 어쩌고 하는 것도 주제넘은 상태'겠죠. 그러나 과학은 그런 의미의 '증명'이 목적이 아닐뿐더러 담배의 발암 리스크를 주장하는 과학자는 누구도 이런 의미에서 담배의 발암성이 밝혀졌다고 하는 것이 아닙니다. 회색영역에서 한걸음씩 진보하는 과학에서 애초에 이런 '증명'은 무리입니다. 그러니 '폐암의 유일한 원인은 담배다'와 그것을 '증명'했다고 나서는 사람이 있다면 노벨상이 문제가 아니라 유사과학 취급을 받겠죠.

암은 다양한 원인이 복합적으로 일으키는 병입니다. 본래 가지고 있는 유전자도 그렇지만, 방사선 등 다양한 발암물질(석면도 그중 하나죠) 등이 복합적으로 작용해 암이 진행됩니다. 그러므로 할 수 있는 말은 '담배는 폐암 리스크를 높이는 하나의 유력한 요인'일 따름입니다. 제대로 된 과학자라면 이렇게 말합니다.

	흡연	비흡연
암에 걸린다	0.1	0.02
암에 걸리지 않는다	99.9	99.98

이 경우 요로처럼 담배를 피워도 폐암에 걸리지 않는 사람, 담배를 피우지 않아도 폐암에 걸린 사람이 있다고 아무리 말해도 '담배는 폐암 리스크를 높이는 요인이다'라는 가설이 반증되는 일은 없습니다. 위에서처럼 사분할표를 만들어 생각해보면 알 수 있을 것입니다.

숫자는 적당히 넣었지만 폐암에 걸리는 사람은 그렇게 많지 않기 때문에 담배를 피워도 폐암에 걸리지 않는 사람 쪽이 단연 많겠죠. 직접적으로 폐암의 원인을 제공한 요소는 흡연만이 아닐 테니 흡연 습관이 없어도 폐암에 걸리는 사람이 있습니다. 하지만 사실은 그런 이유와는 상관이 없습니다. 문제는 0.1과 0.02입니다. 흡연자의 폐암 발생률과 비흡연자의 폐암 발생률 사이에 큰 차이(5배의 차이가 있습니다)가 있다면 '담배는 폐암 리스크를 높인다'는 가설의 좋은 증거가 된다는 것입니다.

② 상당히 많은 답을 떠올려볼 수 있습니다. '까마귀는 이중원 모양을 싫어한다(CD는 이중원이죠)', '까마귀는 인간이 지금까지 하지 않았던 일을 한 장소에는 경계하느라 접근하지 않는다', '까마귀는 CD가 바람에 흔들릴 때 나는 소리를 싫어한다' 등이 있을 수 있겠죠.

6 | 122쪽

첫 번째 가설은 새로운 문제가 오리지널에 비해 더 구체적이 되었다는 사실에 주목합니다. 즉 사람은 현실에서 일어날 수도 있는 구체적 사례를 제시하면 논리적으로는 같은 형식의 추론도 더 잘할 수 있게 된다는 가설입니다. 이 가설은 과제소재 효과라고 불립니다.

두 번째 가설은 새로운 문제가 규칙을 위반한 사람을 발견하는 과제라는 점에 주목합니다. 인간은 사회적 동물로 진화해왔으므로 집단 안에 규칙 위반자(배신자)가 있다는 사실을 얼마나 빨리 발견하느냐가 생존하여 자손을 남길 수 있는가 하는 문제와 큰 관련이 있습니다. 그 때문에 일반적인 논리적 추론능력과는 별개로 배신자를 축출하기 위해 특화된 기능(모듈)을 발달시켜온 것으로 보입니다. 새로운 문제에서는 이 기능을 사용하기 때문에 빠르고 정확하게 풀 수 있었다는 가설이죠. 이는 진화심리학 분야에서 실제로 주장하는 내용입니다.

7 | 145쪽

생각해볼 수 있는 보조가설은 우선 에테르에는 약간의 점성이 있어 지구가 그 안을 운동하면 주변의 에테르가 지구에 붙어 함께 움직인다는 것입니다. 그러면 지구는 주변의 에테르에 대해서는 정지하고 있으므로 어느 쪽에서 오는 빛이든 같은 속도가 됩니다.

다른 보조가설로는 다음과 같은 것을 생각해볼 수 있습니다. '에테르 안을 움직이는 물체는 속도에 따라 일정한 방식으로 줄어든다. 마이컬슨과 몰리의 실험장치도 에테르 안을 운동했기 때문에 일정한 방향으로 수축했고 그 수축 효과가 다른 방향에서 오는 빛의 속도 차이와 상쇄되어 겉보기에는 같은 속도라는 관측결과가 나왔다'라는 식으로 말입니다.

사실 이 두 보조가설은 양쪽 다 현실적으로 물리학자들이 에테르설을 지키기 위해 주장하는 것입니다. 첫 번째 가설은 에테르 견인설, 두 번째 가설은 제안자의 이름을 따서 로렌츠-피츠제럴드 수축이라고 불렸습니다. 로렌츠-피츠제럴드 수축을 표현하는 식은 아인슈타인의 상대성이론에도 같은 형태로 나타납니다. 하지만 아인슈타인은 시공 자체의 수축을 나타내는 식으로 사용한 데

비해 로렌츠와 피츠제럴드는 어디까지나 에테르 안에 존재하는 운동 물체의 수축 정도를 나타내는 식으로 도입했습니다.

8 | 158쪽

먼저 실험군과 대조군에 속한 각 인원의 속성을 가능한 한 똑같이 맞출 필요가 있습니다. 연령 구성, 성별, 체격, 생활습관, 지병 유무가 실험군과 대조군 사이에서 달라서는 안 됩니다. 다음으로 10일간의 일과도 가능하면 똑같이 맞춰야 합니다. 특히 매 끼니의 총 칼로리와 청국장 가루 이외의 식단, 식사시간, 식사에 걸리는 시간, 수분 섭취량, 매일의 칼로리 소비량, 수면시간, 기타 체중 증감에 관련될 만한 생활양식 등을 포함시켜야 합니다. 예를 들면 실험군은 담배를 피우는데 대조군은 금연을 해서는 안 됩니다.

이렇게 생각해보면 인간을 대상으로 실시하는 대조실험이 얼마나 힘든 일인지 알 수 있습니다.

9 | 171쪽

① 같은 연구실 동료는 실험자의 연구의도를 잘 알고 있으며 동료이기 때문에 응원하고 싶은 마음이 강하겠죠. 만약 혹독한 평가를 하면 먼 훗날 인간관계가 틀어질 우려도 있을 겁니다. 따라서 후한 평가 결과 때문에 객관성이 떨어질 가능성이 높습니다.

② 애독자 카드로 설문에 답해주는 사람은 혈액형 성격진단에 원래 관심이 있어 일부러 책을 구입했고 책이 지루하지 않아 중간

에 덮지도 않은데다 독자카드까지 보내주는 사람입니다. 이 사람들로부터는 혈액형 성격진단에 대해 긍정적인 방향의 편견이 깔린 데이터밖에는 얻지 못할 것입니다. 데이터 수가 많아서 좋다고 할 수 없는 경우입니다(이 사례는 기쿠치 사토루 등이 지은《불가사의한 현상 왜 믿는가》에 실린 실제 사례입니다).

③ 휴대전화 문자메시지로 설문조사를 받은 사람은 휴대전화 사용빈도가 높은 쪽으로 편향되어 있습니다. 이 설문조사에는 휴대전화를 사용하지 않거나 거의 사용하지 않는 사람들은 빠져 있습니다. 따라서 랜덤 샘플링이 성립하지 않습니다.

10 | 182쪽

먼저 최근 계속 비례해서 함께 늘어난 숫자들을 찾아봅시다.

- 컴퓨터 CPU의 처리속도는 10년 동안 100배의 비율로 빨라졌습니다.
- 일본의 대학진학률은 1945년 약 10퍼센트에서 2008년 약 50퍼센트까지 꾸준히 높아지고 있습니다.
- 일본의 연평균기온은 100년마다 약 섭씨 1.15도의 비율로 상승하고 있습니다.
- 일본에 등록된 반려견의 수는 1960년 190만 마리에서 2005년 640만 마리까지 급속도로 늘어나고 있습니다.
- 일본 내 휴대전화 보급률은 1993년 3.2퍼센트에서 2009년

96.3퍼센트까지 꾸준히 상승했습니다.

- 일본인의 평균수명은 전후 급속도로 상승하고 있습니다(여성의 경우 1950년 61.5세였던 것이 2010년 86.4세).

이 정도일까요?

이중 임의로 두 문장을 조합하면 한쪽이 늘어날 때 다른 한 쪽도 늘어나는 관계가 만들어집니다. 이렇게 가상의 관계와 이를 바탕으로 한 인과적 주장을 얼마든지 거짓으로 만들 수 있습니다. 예를 들면 다음과 같습니다.

- 대학진학률이 높아지면 반려동물의 수가 늘어난다. 고학력화가 반려동물 열풍의 원인이다.
- 반려동물 수가 늘어나면 평균수명이 올라간다. 반려동물을 키우는 것은 건강에 좋다.
- 평균수명이 올라가면 기온이 높아진다. 온난화의 원인은 노인들이다.
- 연평균기온이 높아지면 컴퓨터의 처리속도가 올라간다. 슈퍼컴퓨터를 분야별 업무에 활용해 온난화를 막자.

웃으라고 말씀드린 건 아닙니다. 이런 식의 주장이 항간에 떠도는 경우가 실제로 많습니다.

| 더 알고 싶다면 |

이 책은 제가 처음 쓴 신서◆입니다. 그래서 탈고한 후 신서는 참 짧구나, 할 얘기가 이거 말고도 많았는데…… 하는 생각이 들었습니다(물론 짧다고 쓰기가 수월했다는 뜻은 아닙니다). 이제부터 과학적 사고에 대해 더 알고 싶은 분들을 위해 소개할 책들은 쉽게 읽히고 쉽게 구할 수 있는 책 가운데 선정했습니다. 모두 제가 읽으면서 많은 가르침과 영향을 받아 이 책의 집필에 적극적으로 활용한 책입니다. 독자 여러분이 작고 짧은 이 책을 읽은 후 지금 소개한 훌륭한 책을 찾아 읽는 계기가 된다면 기쁘겠습니다.

• 본문 전체와 관련된 책

《더는 속지 않기 위한 '과학' 강의もうダマされないための「科学」講義》(기쿠치 마코토, 마쓰나가 와키, 이세다 데쓰지, 이다 야스유키, 히라카와 히데유키 외 지음, SYNODOS 편집, 고분샤 신서, 2011년)

원고 교정을 보고 있을 때 굉장히 비슷한 의도로 쓰인, 게다가 굉장히 잘 쓰인 책이 이미 출간되어 있다는 소식을 듣는 것만큼 큰 충격을 주는 일도 없습니다. 바로 이 책이 그렇습니다. 아직 읽지 않은 분은 제 책을 읽고 꼭 한번 읽어보기 바랍니다. 경지에 도달한 기쿠치의 유사과학론, 이세다의 과학과 유사과학의 선긋기 문제에 대한 최신 논평, 마쓰나가의 미디어 리

◆ 일본에서 출판되는 서적의 종류 중 하나로 주로 얇은 교양서를 시리즈로 펴내는 경우가 많다_옮긴이

터러시론, 히라카와의 3·11 후쿠시마 원전사고 이후의 과학 커뮤니케이션과 시민참여에 대한 전망 등, 모두 제 책의 내용에서 한 걸음 더 나아가 충실한 논의를 전개하고 있습니다.

● 1부와 관련된 책

《크리티컬 씽킹—불가사의한 현상 편How to Think About Weird Things: Critical Thinking for a New Age》(테오도르 쉬크 주니어, 루이스 본 외 지음, McGraw-Hill Humanities, 2010년)

저의 책 1부의 내용은 크리티컬 씽킹(비판적 사고)이라는 연구·교육 분야와 밀접한 관련이 있습니다. 《크리티컬 씽킹》은 초자연현상과 심령현상 등 불가사의한 현상을 주제로 크리티컬 씽킹을 훈련하도록 하는 입문서입니다. 크리티컬 씽킹은 물론이고 과학적 방법과 기초적인 과학철학에도 동시에 입문할 수 있도록 쓰였다는 점이 훌륭합니다. 비교적 두꺼운 편이지만 읽는 보람이 있는, 저명한 스테디셀러입니다.

《불가사의한 현상 왜 믿는가—마음의 과학 입문不思議現象 なぜ信じるのか: こころの科学入門》(기쿠치 사토루 외 편저, 기타오지쇼보, 1995년)

불가사의한 현상을 믿는 것이 왜 불합리한지 밝히고, 우리는 왜 그런 불가사의한 현상을 쉽게 믿는지 설명함으로써 '마음의 문제를 과학을 통해 들여다보는' 심리학에까지 입문 가능하도록 하자는 의도를 가진 매우 욕심이 많은 책입니다. 그 의도가 훌륭하게 반영된 드문 사례이기도 하고요. 책에서 다루고 있는 심리학의 범위도 신경심리학부터 인지심리학, 발달심리학, 사회심리학 등 아주 폭넓습니다. 과학적 방법과 크리티컬 씽킹을 배우고자 하는 독자는 물론이고, 심리학이 어떤 과학인지 알고 싶은 독자에게도 추천합니다.

《왜 초자연현상을 믿는가—억측을 낳는 '체험'의 위험성超常現象をなぜ信じるのか—思い込みを生む「体験」のあやうさ》(기쿠치 사토루 지음, 고단샤, 1998년)

바로 앞에서 소개한 《불가사의한 현상 왜 믿는가》가 조금 본격적이라 선뜻 읽기가 꺼려진다면 이 책을 추천합니다. 《불가사의한 현상 왜 믿는가》의 핵심을 모아놓은 것 같은 책으로, 더 가볍게 읽힙니다. 유사과학과 오컬트를 비판하는 사람들 중에는 그런 데 속아 넘어가는 사람들은 구제할 길 없는 바보 아니냐는 태도를 적나라하게 드러내는 바람에 오히려 역효과를 불러올 때도 많은데, 기쿠치의 '우리의 마음은 믿지 말라고 말해도 믿을 수밖에 없게끔 만들어져 있다. 유사과학은 우리가 타고난 본성 같은 것'이라는 달관한 듯한 자세가 멋있습니다. 참고로 기쿠치 사토루는 《더는 속지 않기 위한 '과학' 강의》의 기쿠치와는 다른 사람입니다. 마코토는 물리학자, 사토루는 심리학자입니다.

《유사과학과 과학의 철학疑似科学と科学の哲学》(이세다 데쓰지 지음, 나고야대학출판회, 2002년)

창조과학, 점성술, 초심리학, 대체의학 등 유사과학을 주제로 쓴 획기적인 과학철학 입문서입니다. 각 장마다 과학철학의 중요한 주제를 논하고 있는데, 전체적으로 과학과 유사과학을 구별하는 기준이 있는가, 있다면 그것은 무엇인가, 즉 '선긋기 문제'에 도전한 책이기도 합니다. 자타 공인 선긋기 문제의 일인자인 이세다의 명성에 걸맞는 고찰이 엿보입니다. 과학과 유사과학을 하나의 기준으로 딱 잘라 나눌 수는 없지만 몇 가지 기준을 동시에 고려하면 그 둘 사이에는 정도의 차가 있을 뿐이라는 결론에는 저도 동의합니다. 최근에는 한 걸음 더 나아가 선을 그을 수는 없지만 문맥에 따라 필요 시 그을 수밖에 없을 때가 있으므로 그런 경우 선을 어떻게 합리적으로 그을 것인가 하는 문제를 고찰하고 있습니다. 그 성과가 첫 번째로 소개한 《더는 속지 않기 위한 '과학' 강의》입니다.

《뇌과학의 진실—뇌과학자는 무엇을 생각하고 있는가脳科学の真実—脳研究者は何を考えているか》(사카이 가쓰유키 지음, 가와데북스, 2009년)

먼저 '뇌 훈련' 열풍과 '게임 뇌' 소동◆에 대한 비판부터 시작하고 있어 정통 뇌과학자가 유사과학적 경향의 '뇌과학 열풍'을 지적하는 책인가 하고 읽어 나가다보면, 후반은 그렇지 않습니다. 오히려 자신들의 연구 내부에 여러 가지 위험성이 있다는 것을 밝히고 현재 뇌과학 연구의 문제점에 경종을 울리는, 매우 반성적이고 공정한 책입니다. 뇌과학자가 이런 책을 썼다는 것이 굉장히 대단하다고 생각합니다. 이 책을 읽으면 과학과 유사과학을 나누는 이분법이 얼마나 무의미한지 알게 됩니다.

• 2부와 관련된 책

《과학은 누구의 것인가—사회적 측면에서 다시 묻다科学は誰のものか—社会の側から問い直す》(히라카와 히데유키 지음, NHK출판생활인신서, 2010년)

저의 책의 2부는 과학기술과 사회와의 상호작용을 연구하는 과학기술사회론Science, Technology and Society, STS이라는 분야가 밝혀온 내용을 바탕으로 하고 있습니다. STS 입문서로 어떤 책을 추천할지 생각했을 때 가장 먼저 떠오른 책이 이 책이었습니다. STS 연구자 중 시민에 의한 과학기술 거버넌스 확립에 가장 진지하게 참여하며 다양한 활동을 하고 있는 히라카와가 미나마타병, 몬주 사고◆◆, 광우병, 유전자변형작물, 재생의료,

◆ 2003년, 게임에서 나오는 특정 전자기파가 뇌 건강에 악영향을 준다는 내용의 니혼대학 교수의 저서가 일본 사회에 큰 파장을 일으킨 사건. 현재는 유사과학의 한 사례로 정리된 분위기다_옮긴이

◆◆ 후쿠이 현에 있는 원전 고속증식로 '몬주'에서 냉각용 나트륨이 유출된 사고를 가리킨다. 차세대 에너지원으로 각광받던 '몬주'는 1995년 완공 이후 상용화에 어려움을 겪다가 2017년 영구폐쇄가 확정되었다_옮긴이

요시노 강 가동 둑 건설문제◆ 등 여러 가지 사례를 분석하면서 그가 생각하는 STS를 체계적으로 정리하고자 열정을 쏟은 책입니다. 《더는 속지 않기 위한 '과학' 강의》의 히라카와의 논문을 읽은 후 읽으면 좋을 듯합니다.

《트랜스-사이언스의 시대—과학기술과 사회를 연결하다トランス·サイエンスの時代—科学技術と社会をつなぐ》(고바야시 히로시 지음, NTT출판라이브러리레저넌스, 2007년)

《누가 과학기술에 대해 고민하는가—컨센서스 회의라는 실험誰が科学技術について考えるのか—コンセンサス会議という実験》(고바야시 히로시 지음, 나고야대학출판회, 2004년)

《트랜스-사이언스의 시대—과학기술과 사회를 연결하다》는 트랜스-사이언스라는 개념에 대해 처음으로 본격 소개한 책입니다. 트랜스-사이언스적인 상황으로의 변화를 근거로 과학 커뮤니케이션은 어떻게 변해야 하는가 하는 문제를 논하고 있습니다. 한마디로 비전문가는 전문가에게 모든 걸 맡겨버리고 전문가는 비전문가를 계몽하는 모델로부터 전문가와 시민이 서로 커뮤니케이션하는 모델로 이행해야 한다는 주장입니다만, 말하기는 쉬워도 행하기는 어려운 전형적인 문제죠.
고바야시는 일본에서 최초로 본격적인 컨센서스 회의를 주최한 인물입니다. 그 체험을 바탕으로 한 고찰은 설득력이 있습니다. 고바야시가 관여한 컨센서스 회의의 이모저모를 더 자세히 알고 싶다면 《누가 과학기술에 대해 고민하는가—컨센서스 회의라는 실험》을 읽어봅시다.

◆ 1990년대부터 도쿠시마 현 요시노 강에 유량 조절이 가능한 가동 둑 건설사업이 추진되었으나 주민들의 강력한 반대로 2010년 결국 백지화되었다_옮긴이

《리스크의 기준—안전하고 안심할 수 있는 생활은 가능한가リスクのモノサシ—安全·安心生活はありうるか》(나카야치 가즈야 지음, NHK북스, 2006년)

이 책 8장에서 리스크에 관해 설명했지만 이 문제 하나만으로도 두꺼운 책을 몇 권이나 쓸 수 있습니다. 리스크 관련 도서 중 읽으면 좋을 것으로 리스크 심리학자인 나카야치 가즈야가 쓴 책을 추천합니다. 먼저 리스크 정보 자체가 사회에 다양한 혼란을 야기할 수 있다는 사실을 지적한 뒤, 그 원인을 매스컴의 보도자세, 전문가의 태도, 그리고 리스크 정보를 받아들이는 우리의 심리로 나눠 설명합니다. 후반에서는 이를 근거로 우리가 현실에서 활용할 수 있는 리스크 관리의 기준을 제안합니다. 특히 리스크 정보를 받아들일 때의 10계명은 참고할 만합니다.

《과학기술사회론 기법科学技術社会論の技法》(후지가키 유코 편저, 도쿄대출판회, 2005년)

《과학은 누구의 것인가—사회적 측면에서 다시 묻다》를 읽고 STS에 관심이 생긴 사람들에게 다음으로 읽어야 할 책을 권하기가 쉽지 않습니다. 이렇게 학제적인 분야에서는 교과서를 만들기 어렵기 때문입니다. 후지가키는 일본에 STS를 학문의 한 분야로 확립하고자 노력하고 있습니다. 《과학기술사회론 기법》은 후지가키가 중심이 되어 대학에서 STS를 배우는 사람들을 위한 교과서로 펴낸 책입니다. 이 책은 사례 분석부터 이론까지 다양한 방법론을 채택하고 있습니다. 우선 미나마타병, 몬주 소송, 약해 에이즈 사건◆, 유전자변형작물, 지구온난화 등 아홉 개 사례를 면밀히 분석하고 이를 기초 삼아 STS 방법론과 그 배경에 있는 과학과 기술에 관한 이론적 견해를 해설하고 있습니다. 마지막의 용어해설도 큰 도움이 될 것입니다.

◆ 1980년대 일본에서 혈우병 환자의 치료에 쓰인 비가열 혈액제제에 의해 1,800여 명이 에이즈에 감염된 사건이다_옮긴이

과학자에게 이의를 제기합니다

합리적으로 의심하고 논리적으로 질문할 줄 아는 시민의 과학 리터러시 훈련법

1판 1쇄 발행 | 2019년 12월 24일
1판 2쇄 발행 | 2021년 1월 28일

지은이 | 도다야마 가즈히사
옮긴이 | 전화윤

펴낸이 | 박남주
펴낸곳 | 플루토
출판등록 | 2014년 9월 11일 제2014-61호

주소 | 04083 서울특별시 마포구 성지5길 5-15 벤처빌딩 510호
전화 | 070-4234-5134
팩스 | 0303-3441-5134
전자우편 | theplutobooker@gmail.com

ISBN 979-11-88569-14-4 03400

이 도서의 국립중앙도서관 출판시도서목록(CIP)은 서지정보유통지원시스템 홈페이지(http://seoji.nl.go.kr)와 국가자료공동목록시스템(http://www.nl.go.kr/kolisnet)에서 이용하실 수 있습니다.(CIP제어번호: CIP2019049564)